张文波◎著

设计理论及其学科构建

中国纺织出版社

内 容 提 要

本书以设计的基本理论为主要研究对象,对其进行宏观层面的分析。首先对设计内涵与特征、设计本质与分类、设计程序与原则、设计与其他学科的关系进行阐述,然后分别探讨了设计的发展史与趋势、设计的影响因素、设计师及其职业生涯、设计的批评、设计的市场、产业与管理以及设计的学科构建等。本书具有重点突出、形式新颖、通俗实用等特点,条理清晰,结构合理,理论与实践并重,兼具学术性和可读性,是一本值得学习研究的著作。

图书在版编目(CIP)数据

设计理论及其学科构建 / 张文波著. -- 北京 : 中国纺织出版社,2018.7(2024.2重印)
ISBN 978-7-5180-2715-6

Ⅰ.①设… Ⅱ.①张… Ⅲ.①设计学－研究 Ⅳ.①TB21

中国版本图书馆 CIP 数据核字(2016)第 129546 号

责任编辑:姚 君 责任印制:储志伟

中国纺织出版社出版发行
地址:北京市朝阳区百子湾东里 A407 号楼 邮政编码:100124
销售电话:010－67004422 传真:010－87155801
http://www.c-textilep.com
E-mail:faxing@e-textilep.com
中国纺织出版社天猫旗舰店
官方微博 http://www.weibo.com/2119887771
北京兰星球彩色印刷有限公司印刷 各地新华书店经销
2018 年 7 月第 1 版 2024年2月第5次印刷
开本:710×1000 1/16 印张:17.25
字数:224 千字 定价:78.00 元

前　言

　　设计,从本质上讲是一种具有功能性的、创作思维活动的过程。它可以使人从不同的侧面去认识和理解事物;它是一种创新,不断突破先前的惯性思维定式,而创造出一种新颖的、高人一筹的方式。设计满足了人们审美的多种需求,为人们带来了多样化的选择和多样化的艺术形式。当今的时代是一个科技、艺术、文化逐渐走向融合的时代,而现代设计便是三者有机融合的产物。它承载着科技的伟大力量,正迅速改变着我们的生活,我们在体验现代设计带给我们种种便利的同时,也尝到了工业发展负面效应的苦果。究其根源,是我们对设计本质、设计规律的认识和了解的不足所致。

　　为了更好地认识和把握设计的本质与规律,本书以设计的基本理论为主要研究对象,对其进行宏观层面的分析。全书共有七个章节,从对设计内涵与特征、设计本质与分类、设计程序与原则、设计与其他学科的关系的明确开始,分别探讨设计的发展史与趋势,设计的影响因素,设计师及其职业生涯,设计的批评,设计的市场、产业与管理,以及设计的学科构建。全书力求做到重点突出,以设计内涵、本质为前提,重点论述设计理论及其设计学科的构建;形式新颖,采用先文后图的形式,结合实际案例,清晰简洁、图文并茂;通俗实用,系统全面,由易到难,由基础到实践,由一般问题到特殊问题,循序渐进、层层深入。

　　综观现有关于设计理论基础与宏观层面的研究,主要集中在各类"设计概论"中,从设计学科的角度进行分析的著作并不多见。以设计理论为研究对象的设计学是一门涉及范围非常广泛的综合性和边缘性都很强的新兴学科,它的百年发展历史在人类文明的历史长河中不过是瞬间的事,然而它蓬勃成长之迅猛、涉猎领域之深远、影响我们生活之宽泛,却是难以估量的。孕育于西方 19 世纪末的设计学科,在 20 世纪已经从婴儿变成了巨人,它的成长震撼了整个世界。

　　本书在撰写过程中,引用并参考了关于设计、艺术、科技等的若干文献和研究资料,但为了保证本书学术性,也方便阅读,参考资料并未逐一作出注释,望相关作者和专家谅解,在此表示诚挚的谢意。本书的撰写,虽秉持着针对性、实用性和创新性的原则,但由于作者学术水平和种种客观条件的限制,论述不妥、征引疏漏的地方在所难免,切望能得到各位同行和专家们的匡正。

编　者

2017 年 3 月

目 录

第一章 | 绪论

现代设计作为人与自然沟通的手段、改善人类生活的方法，已经渗透到了社会的各个角落。在当今社会经济高度发展的时代，它已与国家的经济命运、建设发展、社会的物质文明与精神文明建设密切相关。本章绪论部分，作为本书的开篇，首先对"设计"一词和学科进行了界定。

第一节　设计的起源与特征表达

一、设计的起源

"设计"（Design）源于拉丁文"Desigara"，其本义是"徽章""记号"，即一事物区别于其他事物的、使之得以被认知的依据或媒介。后来其经过演变，成为意大利语"Designo"、法语"Dessein"，最终演变为英语"Design"。

"Design"这个词在英语中既可以译为"to designate"（指明），也可以译为"to draw"（描画），因为它们本就源于同一个词。同样，"intention"（意图）和"drawing"（绘图）在喻义上相同。通过语源学的分析可以得到一个等式：Design＝Intention＋Drawing，即"设计＝意图＋绘图"。这一等式表明"Design"本身就含有双重意思：其一，包括在设计创意阶段的"意图、计划和目标"的含义；其二，包括在设计执行阶段的"草图、效果图或模型"的含义。

从词性上看,"Design"在英语中兼具动词与名词两种词性。作为动词的"Design"是指设计、立意、计划,作为名词的"Design"是指项目、意图、草图、模式、风格、样式、图案、心中的计划或设想过程等。这种内涵的双重性表明:"Design"既可以指一个活动(设计过程),也可以指这种活动的成果(一个规划或者一个形态)。因此在学习和进行设计时,过程和结果同样重要。

张道一先生主编的《工业设计全书》对"设计"含义的理解清晰而透彻。

综上所述,"Design"一词随着时代和社会的发展,其应用范围和内涵也在不断变化,每个时代的定义虽然都有所不同,但总的趋向是越来越强调该词结构的本义,即"为实现某一目的而设想、计划和提出方案"。设计可以针对一切实体创造和一切有目的、有意识的创造行为,包含人类创作行为的各个方面,既可包括所有人造物品制作前的设想与计划,也可包括文学、艺术等的构想与筹划(见图 1-1),还可以包括国民经济、工程规划、科学技术等方面的决策和方案等,几乎涵盖了人类生活的各个方面。

图 1-1　字体设计

从严格意义上说,设计是伴随着第一个"制造工具的人"的出现而产生的,它从一开始就具有明确的目的性。一是实用性,即为了满足人类生存的需要;二是其审美观和价值观的体现(见图 1-2)。物品在货币产生之前,用于"以物易物"有选择的交换,从这个意义上说,它具有一定的商品性意识。我国古代文献《周礼·考工记》中记载:"设色之工,画、缋、钟、筐、8 2"其中的"设"字就含陈列、安排之意,与现代意义的"设计"概念十分接近。

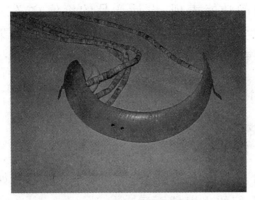

图 1-2　原始人佩戴的项链

人们在生产和生活中,不断地适应与改造自然、改造环境,在把那些自然形态的、第二自然形态的物质转变为人们更需要的成品时,必须在头脑中改造这些物质的形态。未来成品的原创就是这种成品的设计。在某种情景下,它只是生产过程的内涵,成品的原型保留在生产者的头脑中;在另一种情景下,设计是一项独立的工作,它为成品生产者提供方案和蓝图。设计是人类有意识的活动,在正式做某项工作之前,要根据一定的要求,制定方法或者形成图样。人们在生产活动中改造自然界的物质,将其变成自己所需要的物品时,必须对这些物质进行规划,未来产品的雏形就是对这种物品有目的的设计结果。总之,设计就是根据特定的目标和要求在把规划、计划、设想、方案转化为成品过程中的创造性思维活动。

二、设计的特征表达

(一)价值与要求:功能性特征

1.功能性特征的价值

设计的功能性是设计最基本的特征,因为没有功能或者丧失功能的产品是废品。功能决定了一个产品存在的根本价值,而功能又根植于人的需要,使人们的生活变得更加美好。不同的设计类型具有不同的功能表现,设计产品的价值意义依存于它的功能,功能有效性成为判断产品价值的重要尺度。如果产品满足了人们的生活需要,能够服务于外在目的,这样的设计才是成功的。

2.功能性特征的要求

(1)安全感

物品召唤人们的接近,它所依赖的应该是稳定、适宜、合理的功能,如图1-3具有安全感的茶具。任何一种物品如果缺乏安全性,就会引起人们的恐惧感而远离。

图1-3　具有安全感的茶具

(2)适用性

物品的出现为人们的生活带来了方便,物品的适用性体现在人使用物品时的舒适方便。一般来说,人的眼、耳、口、鼻、身对物品的适应性有一个选择,不同材料、形状、色彩、气味、重量和质感都会使消费者产生敏感的接受过程。因此,设计师必须加强对社会需求的调研,通过设计技术的精确化,对物品的制造阶段有充

分把握,使产品吸引消费者。❶

人们对物品适用性的依赖,还在于物品本身的耐久性。不论什么物品,在使用的过程中,质量都是体现适用性的一个重要标志。设计师应对物品材料、硬度、耐力等生产工艺有深入而具体的认识,这将对物品适用性功能设计有很大帮助。

(3)简洁性

任何消费者都希望物品简洁、方便,这是消费者最终追求的目标。

(4)社会责任感

功能主义强调社会责任感,考虑大多数人的需求,使多数人能够拥有设计优良的产品。

产品多功能化是设计发展的趋势,也是使用者的愿望。设计师尽量拓展产品的附加功能,能够满足使用者的多种需求,包括物理的和精神的。所以设计师总在不断地探索其他的可能,让一件产品可以产生许多用途。例如,杯子最初的功能是饮水,但是逐渐地人们用它做烛架,做灯具或其他东西的罩子,有时还作为量杯等。

(二)材料与科技手段:科学性特征

先进的技术含量代表着时代的发展,体现了综合的科技与经济实力。设计的科学性特征严格地界定了产品的规范技术指标,并突出表现在新技术、新科技的成果应用上。

现代设计的发展已经是一种科技的艺术创作活动。当今人类的设计手工艺的成分减少了,电脑图形辅助设计已经普及,设计已经从手工艺设计发展到电脑图形辅助设计。电脑加上与其

---

❶ 亚烈桑德罗·贝基设计的一款沙发床,它的内部结构是型钢,床垫是不同厚度的聚氨酯泡沫塑料,因材料轻而容易打开。1970—1996年,对许多住宅的空间需要的满足使它接受了时间的考验,它的全球销售量达23000个。把沙发的近乎古典的严谨和变成床时的"休闲"形式融为一体,设计史学家A.潘塞拉称它为"海上救生艇",就像两栖动物,这个定义精确又富有启发。贝基的设计与水有关,它暗示一种"救生的"理念,能满足现代的意大利在居住方面更加复杂和多变的需要。

相配合的设备,比如数码相机、数位板、图形图像处理软件、数码光盘处理设备等。设计师们可以依靠数码设计手段对字体进行放大、缩小、旋转、扭曲、夸张、重叠、打散、重构,使文字具有一种新颖独特的感觉,以及对图像的特效处理等,能够最大限度地吸引人们的眼球。❶

现代设计的发展已经是一种科技的艺术创作活动。这里所谓的高科技设计是指设计时要考虑现代材料的性能和加工方法,针对不同材料,运用高新技术,设计出高质量的产品,并且适合大批量的流水线生产工艺,最大可能地满足消费者的要求。

在高科技发展的今天,设计不仅要以科学技术为手段,比如电脑图形辅助设计,还要以科学技术为其实施的基础,然而种种的一切都没有损害设计的艺术特征,反而由此体现了设计的科技特征。

设计的科技特征反映在两个方面:第一个方面是设计中涉及材料、工艺及技术;第二个方面是设计采用的科技手段。

1.材料的科学性

人类利用和制造材料的历史,正是人类设计的历史。材料的发现和发明构成了设计的历史阶段和时代特征,古代的陶器、青铜器、漆器、铁器、瓷器等,现代的玻璃、钢铁、不锈钢、塑料、合成纤维等,都是设计历史阶段的见证。直至今日,材料依然与人类生活紧密相连,甚至决定着设计发展的方向,今日的设计创新离不开新材料的支持。人们经常以不同材料的运用来划分人类文明的历史,例如,石器时代、青铜时代、铁器时代、钢筋混凝土时代。❷

---

❶　同时利用数码技术可以把不同时空、不同性质的图像元素拼贴在一起,让人在短时间内接受到丰富的视觉印象,并在其头脑中进行整合,形成了一个完整的概念。随着数码技术的发展,高、清、新时代已经到来,色彩、质感逼真的画面带给人前所未有的视觉震撼,仿佛身临其境。从魔鬼、幽灵、野蛮人、战斗机器人到星际太空、未来时空,数码技术将整个世界的想象力发挥到了极致。

❷　薛保华.设计概论[M].武汉:华中科技大学出版社,2012.

科技发展的目的就是发现新材料,实现新材料的开发,让其能够走进人们的日常生活中。在设计中使用全新的高科技材料、精密的技术手段等,为设计的发展开拓了广阔的天地。在这里设计关系到技术和材料的性质,而现在使用的设计材料又都是高科技产生出来的新材料。

（1）钢筋混凝土、钢、玻璃

在现代建筑及环境设计领域,最重要的材料就是钢筋混凝土。工业革命后,大工业生产为建筑技术的发展提供了新的材料和新的工艺,19世纪新型炼钢法出现,混凝土技术试验成功,而后钢筋混凝土结构传遍欧美,至今还在产生广泛的影响。

钢筋混凝土结构,使建筑产生了简洁明快的外表,同时减除了许多烦琐的装饰,具有新的艺术表现力,如图1-4所示,对现代主义设计风格的形成起了决定性的作用。❶ 当代各种特种玻璃、高强度合金、高分子材料,以及种种与之相应的新的施工技术,成了设计师手中的魔棒,不断变化出形式各异的建筑结构和样式,比如,薄壳结构、网架结构、膜面结构、充气结构等,令人目不暇接。

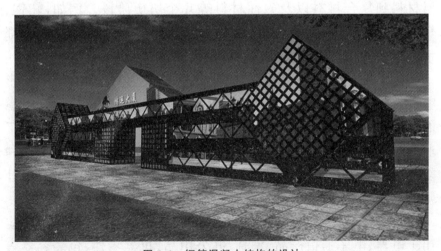

图1-4 钢筋混凝土结构的设计

❶ 柯布西埃第一个以脱模后不加修饰的混凝土做法而开创"粗野主义"。

　　同为现代主义设计大师,密斯因善于运用钢和玻璃而被誉为"密斯风格"(见图 1-5)。高技派设计风格在运用现代技术方面则可谓体现了设计的典型科技特征。

图 1-5　密斯风格的设计

(2)塑料

　　科技材料发生的每一次重大革新,设计都会出现全新的面貌。科技材料的发展,大致经历了从自然材料到金属材料,从金属材料到复合材料以及磁性材料等几个历史阶段。例如,轧钢、轻金属、镀铬、塑料、胶合板、层积木等,每一种新材料的出现,都带来了由制作到工艺技术内容的重大改进。❶

　　化学工业的发展,塑料的发明使塑料成为对 20 世纪设计影响最大的材料。1909 年,美国科学家发明了酚醛塑料,随着阻燃的醋酸纤维及可自由着色的尿素树脂的出现,由此拉开了塑料工业的序幕。设计师赋予了它"民主的材料"的称号,这是由于这种复合型的人工合成材料易于成型和脱模,而且价格低廉,为设计师提供了更多的自由空间,受到工业设计师的青睐。

　　自 20 世纪 30 年代建立起自身的工业地位开始,塑料不仅应用于电器、电子通信产品、家具、办公用品、机器零件、包装容器等各种日常生活用品,而且还应用于展示、舞台、电影美术的设计。

---

❶　席跃良.设计概论[M].北京:清华大学出版社,2010.

当代新型塑料丰富的色彩、灵活性的成型工艺,使产品设计呈现出新颖的形式,因而更适于产品符号的灵活运用和独特设计风格的表达。

2.科技手段的运用

设计总是体现着现代生产的转化,让科学技术成为生产力,使科学技术生活化,让设计与技术同步发展。设计的操作手段、设计活动中的思维方式、设计的材料和设计者自身的素养,都极大地体现着科学技术的因素。

设计的科技特征还反映在设计的手段更新方面。运用高科技手段从事设计是现代设计发展的必然趋势,它可以大大地提高设计的速度和质量。电脑技术具有计算精密、修改方便、表现真实、批量输出、数据资料便于保存等优点,它作为设计的辅助手段已越来越普及。

同时,在信息技术的导入之下,设计家族的新成员——数码设计诞生了。数码设计为铺天盖地的二维、三维动画广告设计、插图设计提供了便捷的手段(见图 1-6),也使影视动画艺术如虎添翼。尽管名称不甚统一,如多媒体设计、新媒体设计、数码设计等,但它是最新科学技术与艺术融合的产物,这一点毋庸置疑。

图 1-6 多媒体服装设计

(三)艺术性特征

艺术性是设计的特征之一,只不过不同的设计类型或设计行为对艺术性要求的强弱不同而已。从设计的图面表达及实物表达来看,设计不单要解决功能问题,也要求有审美形式感的创造。

1.设计对艺术的追求

不同时代的设计有着不同的艺术追求,现代设计具有科技含量很高的现代艺术特性,如全新的材料美、精密的技术美、新奇的造型美、科幻的意趣美等。科技在很多人看来是与艺术相对立的两个概念,但在设计的层面上科技具有了美,这在艺术领域称为科技美或机械美。在近代,设计与艺术之间的距离日趋缩小,新的艺术形式的出现极易诱发新的设计观念,而新的设计观念也极易成为新艺术形式产生的契机。❶ 高技派是现代设计的一个重要流派,以法国蓬皮杜文化艺术中心为代表的高技派设计作品表现的就是一种科技美(见图 1-7)。

图 1-7 法国蓬皮杜文化艺术中心

设计是一种特殊的艺术,设计的创造过程是遵循实用化求美法则的艺术创造过程。这种实用化的求美是根据专业设计语言

❶ 彭泽立.设计概论[M].长沙:中南大学出版社,2004.

进行创造的。❶

2.设计的艺术表现手法

（1）借用

借用是设计的一种手法，它是在设计中借用艺术创作的思想、风格、技巧等。只要借得巧妙，用得灵活，就能大大地提高设计的艺术品质，从而提高整个设计的品位与水平。

这种手法使设计直接借用艺术的力量吸引、娱乐和感动受众，如借用某句诗、某段音乐、某个镜头，或某个雕塑、绘画等，只要运用得当，就能达到感动观众、传播信息的效果和提高整个设计的品位，从而达到广告的效果，如图 1-8 的设计。

图 1-8　柳(留)住你的想念

（2）参照

参照不是简单的模仿，而是一种借鉴，寻找一些比较成功的例子作为范例，使设计在原有的基础上呈现出一种新的感觉。

---

❶　在西方，工业设计常被称为工业艺术，广告设计称为广告艺术。设计被视为艺术活动，是艺术生产的一个方面，设计对美的不断追求决定了设计中必然的艺术含量。

（3）解构

设计中，根据需要，将设计元素进行符号意义的分解，分解成语词、纹样、标志、单形、乐句之类，使之进入符号储备，有待设计重构。然后，把设计作品的元素进行分解，有可能获得艺术的或信息的认同，以达到更好的效果。

艺术符号意义就是普遍认同的艺术作品、艺术类型及艺术思想或艺术风格的表述与象征意义。❶ 建筑（见图1-9）、室内、家具、标志、包装、广告等设计中普遍运用这些艺术的或信息的符号，符号意义就是约定俗成的信息载体的意义。

图1-9　运用解构手法的建筑设计

（4）装饰

装饰是最常用的也是最传统的一种方法。早在新石器时代，我国彩陶工艺上就运用了装饰的手法。同样，装饰在现代设计中也是一种必要的艺术手法，如图1-10的优盘。

---

❶ 尹定邦.设计学概论(第2版)[M].长沙:湖南科学技术出版社,2009.

图 1-10　中国结和中国福装饰的优盘

（5）创造

创造是设计艺术最根本的方法，是借用、解构、装饰、参照等方法的基础。设计最主要的是创造，作为一个设计者，必须不断地发散自己的思维，赋予设计更新的活力。

设计师关注艺术，投入艺术研究，可以推动设计进步。比如，布鲁尔设计的第一把钢管椅命名为"瓦西里"椅子（见图 1-11），是为了纪念他和老师康定斯基的友谊。

图 1-11　"瓦西里"钢管椅

(四)表现与作用:经济性特征

现代社会中,设计已经融入了经济活动的各个层面。

1.经济性特征的表现

作为经济和意识形态的载体,设计已经成为国家和企业发展的有效手段,是一个国家、机构或企业发展自己的有力手段。设计的经济性特征体现在贯穿设计实践过程的诸多经济因素的影响,以及设计为实现其综合价值而必需的市场观念。

2.经济性特征的作用

(1)促进市场经济的发展

当代社会设计已渗透到经济生活的方方面面,设计也已成为提高经济效益和市场竞争的根本战略和有效途径。

比如,英国的创意产业——建筑(见图1-12)、广告、时装、动画、数码娱乐等,为英国带来了巨大的经济效益。

图1-12　21世纪英国博物馆

（2）促进消费

设计是高新技术与日常生活的桥梁，是企业与消费者联系的纽带，它可以满足消费者不断增长的物质需求和精神需求。在全球化经济日益激烈的竞争中，设计正在成为企业经营的重要资源。未来的发展趋势是设计人员将越来越成为构成利润链不可或缺的一部分，好的设计工作越来越被认为是市场中产品的区分者。❶ 比如，图1-13的数码相机的发明，它很好地满足了人们的消费心理和需求，从而制造了巨大的、新的消费需要。

图 1-13 数码相机

（五）象征性特征

物品的象征性超越了消费意义，是时代文化的见证，物品的器具价值此时转化为文化价值。具有象征意义的设计物品常常有一种稳定的样式、独特的符号、固定的颜色，这是现代企业形象、企业理念等具有象征意义的结果。比如，服装、首饰（见图1-14）、高档的轿车（见图1-15）、用具往往暗示着使用者的职业、经济状况、社会地位、文化教养等，这种功能表征了人的社会角色。

---

❶ 市场竞争中单单凭借质量取胜已经不够，还要加上出色的设计，设计能够成为企业重要的资源，促进社会经济的发展，这主要表现在它满足了消费者不断增长的物质需求和精神需求。

图 1-14　首饰

图 1-15　保时捷跑车

再如,各国国旗、国徽,各个城市城徽,特殊的会徽、标志,如联合国标志、维和部队徽章、奥林匹克运动会会徽、香港澳门区旗、中国银行标志等都具有象征作用。

随着全球信息化的发展,设计师研究物品的象征性,本质是为市场经济服务的,除了象征意义的原因外,还有纯粹的商业原因。

第二节 设计的本质、分类与意义

一、设计的本质

设计的本质是在对自然—人—社会系统科学认识的基础上，创造满足人们需求的物品，并通过物来协调人与自然、人与人、人与环境等多种关系，使之趋于自然、和谐，从而获得价值和文化的认同。[1] 设计就其本质而言是人类的一种创造活动。经过长期的经验积累，认识了对称与圆形，因为这两种形状符合力学原理，做成的工具与武器使用方便，这为设计奠定了基础。开始的创造活动，是人们意识中的形象体现在所制作的产品中，第一件成品往往起到设计的作用。其他生产者以此成品为摹本进行反复制作，同时在制作中又根据使用的需要添加自己新的构思。这样，同一用品在长期实践和反复制作中，不断得到改进和完善。人类的创造是为了自己的需要，同时也促进了自身的发展。

(一)人工性与手工设计

1.人工性的本质

人类设计是从制造第一件石器工具开始的，它在与自然的区别和对立中显示出它特有的性质——非自然性和人为性。但是，人工性还只是最基本的逻辑的起点，它的意义也仅仅在于把人工制品与自然物品区别开来。人工性作为设计的本质之一，从设计的发生过程看，构成了设计历史的起点。

---

[1] 朱和平.设计艺术概论[M].长沙:湖南大学出版社,2006.

2.手工性的本质

火不仅使人类摆脱了茹毛饮血的生活,也改变了泥土的内在性质,使之从疏松的泥土变成了坚硬的陶土,陶器(见图 1-16)的设计发明,代表了人类在改变自然的斗争中的一个划时代的创举,不仅改变了原材料的化学性质,更标志着人类设计由原始阶段进入了手工设计阶段。

图 1-16　手工制作的陶器

(二)形态性

设计具有形态性的本质,设计形态是设计发生、发展过程中的一个重要阶段。从逻辑上来看,人工性作为设计的本质特征之一,仅仅能够把人工制品与自然物品区别开来,事实上,在人工制品范围内,仍然存在着设计和非设计的界限。为了在手工制品范围内把设计与非设计区别开来,陶器有了一定的形状,并且具有使用的特点,这样就应有一个标准,即手工制品的设计形态。

(三)实用性

实用就是客体的某种功效、用途,反映了人的需求。设计是先有了具体的实用要求和目的,然后产生设计意念并付诸相应的行动。物质需要是人最基本的需要,人们设计制造物品都是出于生活的实际需要。实用性是设计的主要意义,这是设计的一种本质特征,任何设计都以实用为出发点和归宿。

早在古罗马时代,建筑家维特鲁威就提出建筑的三个原则——"实用、坚固、美观",其中,实用性被摆在了第一位。包豪斯时期的格罗皮乌斯曾说过:"既然设计它,它当然要满足一定的功能要求——不管它是一只花瓶,一把椅子或一栋房子,首先必须研究它的本质:因为它必须绝对地为它的目的服务,换句话说,要满足它的实际功能,应该是实用的。"在 20 世纪 70 年代,英国皇家艺术学院举办了一个工业设计的国际会议,会议的主题就是"为需要而设计",这个鲜明的主题就是强调设计的实用性。

在现代设计中,实用性无可厚非地处于首要的位置,对平面设计来说,没有思想传达的正确性和完整性,就不能达到应有的宣传效果。但是,如果单纯强调设计的实用性,则会导致设计语言贫困化的局面。

(四)文化性

文化是人的产物,是人类生活方式的总和,是人类社会所创造的物质财富和精神财富的总和,也是人类世界与自然世界相区别的本质因素。

人类最早的设计活动是制造工具,早在 17000 年前,生活在北京周口店的山顶洞人就已开始利用钻孔、刮削、磨光等技术制造石铲,并在形态上已经开始注意对称、曲直、比例、尺度等要素,这既是人类设计活动的基本特点,也是早期人类社会文化的基本特点。这时的设计便是将实用和美观结合在一起,赋予物品以物质的和精神的双重的功能。他们通过社会实践活动,创造了文

化,同时也开创了设计,设计和文化都来源于人类的社会实践。❶
比如汉代的漆器、宋代的瓷器、明代的家具,这些历代中国人民智
慧的结晶,既是一部灿烂的文化史,也是一部值得国人骄傲的设
计史。设计的文化不能简单地说是物质文化,也不是纯粹的精神
文化,它是以创造物质文化为表现形式,融合精神文化的内容,构
成了自己的文化特征。

今天我们生活在信息化和工业化高度发达的社会,存在于我
们生活中的任何人造物,无不留下文化的烙印,也带着设计的痕
迹。设计物往往能折射出消费者的文化品位和社会地位,传统文
化、民族文化、流行文化时时刻刻伴随着设计物而传播,并被消费
者接受和理解。在当代物质财富和精神财富极为丰富的社会中,
设计和文化水乳交融,决定着人们特定的生活方式。

(五)以人为本

设计最终是为人而不是为物服务的,所以它具有以人为本的
本质。无论是自然经济时期的手工艺设计,还是工业化时期的工
艺美术设计、工业设计,或者是知识经济、信息时代的现代设计,
都是围绕着人的需求而展开的。

对任何事物的设计都应以人为本,从而达到最大限度地实现
对人性化的关注。只有顾及了人类本身的内在需求,才能使设计
达到与人类需求同构的形态特征和美学意境。例如,图 1-17 的现
代化自行车设计。

---

❶　《荀子》一书记录,孔子看到齐桓公庙堂中的一个欹器,感慨说:"虚则欹,中则
正,满则覆。"孔子以欹器来象征社会,提醒人们要注意社会规范。器物的设计对人类的
生活方式的影响不仅仅是物质上的,同样也具有丰富精神生活的功能,这种器具便是物
质文化与精神文化的有机融合体,是设计文化的典型表现。

图 1-17　现代化自行车

当然,以人为本还要与科学理性化结构和合理的功能性相结合。如果单纯追求满足某种需求,设计将走向极端。比如,巴西首府巴西利亚,在这座宏伟壮观的"汽车城市"中,时时处处都需要乘车才能流动。这是因为其设计者以汽车交通作为首都规划的首选,忽视了完整合理的步行系统的重要性,从而导致人们几乎很难轻松地步行游览并穿越开阔的街区。这是典型的功能分区明确的现代主义城市,却忽视了心理与社会因素,对公共空间也缺少关注,过分追求形式,将人与人、人与自然和环境之间的关系简单化而导致的结果,使城市缺少活力,造成本来功能单一的车站却成了人们汇集的热闹场所。

(六)创造性

设计的本质是创造,设计的过程与结果都是通过人脑思维来实现的,它是人的生命力的体现。❶ 每个人都具有创新的意识,存在着创造的潜能,但并不是人人都能成为设计师,也不是个个都能够成功。设计师前瞻性的构想是设计创新的来源,是人类必须依赖的生命力与原动力。设计师的任务就是借助本身的直觉能力去发掘与构筑世界的新价值,并且予以视觉化,创新其实就是

❶　曹田泉.设计概论[M].上海:上海人民美术出版社,2009.

人们描述未来远景的一种方式。这种新价值可以说是对未来所作的假设,也可以说是一种预言,所以设计师必须具备将种种信息在自己的脑海里进行瞬间加工整合的能力,这就是直觉预言能力的开始。

二、设计的类别划分

(一)产品设计

1.产品设计释义

产品设计,即对产品的造型、结构和功能等方面进行综合性的设计,以便生产制造出符合人们需要的实用、经济、美观的产品。广义的产品设计,可以包括人类所有的造物活动。我们说人造物的设计都是产品设计,但是在习惯上,建筑、城市和大坝等巨大的人造物的设计,一般称为环境设计,但是用预制件装配生产而成的建筑物仍属于产品设计的范围。

2.产品设计的因素分析

(1)产品设计的内在因素

产品设计的内在因素涉及材料、结构、形态、色彩、肌理、生产工艺等。在产品设计过程中,内在因素随时提醒设计师应根据人对物的真实物理需求来进行设计。具体表现在以下两个方面。

第一,研究形成产品或环境的内在因素,如材料、结构、工艺技术、价值工程、环境学科等,使产品或环境更符合人的基本物质需要。

第二,在产品设计的过程中研究人的生理科学,如人体测量学、解剖学、人机工学、行为科学等,使设计的产品或环境满足人的生理上的需要,以及不断发展的新生活方式、新工作方式的需要。

（2）产品设计的外在因素

产品设计的外在因素涉及产品的具体使用情境，即谁来使用，在什么环境（时间、地点）使用，如何使用，地域文化特征、风俗习惯等。人们的需求是十分复杂的，不同地域、不同民族或不同阶层的人群，都有着各自不同的思想文化、风俗习惯、宗教信仰、生活方式等。地域文化、风俗习惯、思想观念等作为隐性因素，潜在地影响着产品设计。社会与环境决定了产品的角色与使用者、产品之间相互作用（互动）的关系。产品的使用离不开一定的使用情境，因而在设计前，设计者应设身处地将"产品"置于一定使用情境中，根据具体情境中人、物、社会、环境等的关系，来准确定义产品的角色与行为。

（3）内外在因素的结合

对产品设计内在因素的研究是产品设计的基础，同时也不能欠缺对外在因素的考虑。二者统一则可以达到产品设计为人类服务的最高目标，即不断创造丰富的具有物质和精神功能因素的产品，来形成一个由各种产品组成的物化系统环境，从而为人们提供合理的生存方式。

产品设计内外在因素的结合，还要注意科技发展所带来的影响，以及如何创造产品的高附加值。

科技的发展对产品设计的发展影响是深远的。科技一有重大突破，就会在产品设计中得以呈现。以新材料的发展为例。人类早期主要是利用天然材料来造物，20世纪越来越多的复合材料走进了我们的生活。塑料是其中最有代表性的材料。新型塑料多样化的鲜明色彩和成型工艺上的灵活性，使产品设计具有了更大的想象空间，从而促进设计者进行新形式的探索。科技的发展，给产品设计提供了各种新的艺术表现手段，从而不断促进设计观念的变革。强调自身循环与流动的晚期现代主义，致力于表现复杂、矛盾、多义的后现代主义等，正是在飞速发展的科学技术的刺激下，观念变革的结果。科技也是一把"双刃剑"，它发展到一定程度也会给人类带来负面影响。在这种情况下，产品设计作为科技的载体,将会更多发挥自觉的作用,引导技术,促使技术向更合理的方向前进。所以,在产品设计中,既要充分运用新技术,把科技转化为实际的物质财富,又要本着以人为核心的最高宗旨,合理地应用科技,并发挥前瞻作用,影响科技的发展方向。

从经济角度考虑,现代产品设计往往是创造商品高附加值的方法。在竞争激烈的商业社会,企业要想立于不败之地,不仅要努力提高产品质量,还要使产品多样化、个性化,以刺激人们的购买欲。这就要求产品设计要努力把握市场的文化脉搏与经济信息,针对不同消费者的心理和经济状况,开发出高附加价值的商品。产品设计还应积极参与到包装、宣传、展示、市场开发等环节,研究消费市场、产品的流通方式、产品使用的反馈信息等,以使产品设计更好地服务于市场,拉动经济的发展。

3.产品设计的性质分类

根据设计性质的不同,可以将产品设计划分为方式设计、概念设计和改良设计三种类型。

（1）方式设计

方式设计是在研究人们的行为与生活方式的过程中,设计出的超越现有水平,并且满足人们新的生活方式所需要产品的设计。这类的设计形式主要是为强调和改变人们的生活方式。美国的约翰·奈斯比特(John Naisbitt)在《大趋势》一书中写道:"我们现在需要汽车是因为我们在 50 年以前就把社会围绕着汽车组织起来,从那时我们就决定既然经济要建筑在汽车上,那么每一个 16 岁以上的人都应该需要一辆汽车。但是,除了运输之外,汽车对社会到底有什么贡献？如果没有汽车,我们是否会住得那么分散、相隔遥远？我们的公共交通事业会如此差劲吗？"此论断足以说明汽车这一方式设计,给美国人民的生活方式带来了多大的影响。

（2）概念设计

概念设计是一种着眼于未来的开发性构思,从根本概念上出发的设计,它是企业在经过市场调查、预测、实际分析之后,提出来与原有产品有较大差别的"新概念"产品。例如,世界各大汽车公司每年都会聚会在底特律、法兰克福、米兰、东京、日内瓦展示自己的各种产品。在车展上最吸引人的莫过于各家公司推出的别具新意的"概念车"。比如小型全铝车,车身小而轻,且可再次回炉生产,符合环境保护的要求;还有大量采用工程塑料、造型活泼、极具个性的小车,以及电气车、氢气车等有着各种各样新想法的汽车。每年在巴黎、米兰等地区举行的时装发布会上,人们也会看到一些完全属于"新概念"的时装。

对于概念设计可以从两个方面考虑:一是技术方式;二是产品文化。一个全新的概念设计往往集技术、文化于一体,从不同的角度反映着新概念对于人类生活的创造性和引导性。新技术的产生会促发更多优秀的概念设计,例如,将全球定位技术应用于手机之类的便携通信工具,形成具有自动定位概念的手机,就可以在紧急情况下,显示所在位置和发出信号。在文化方面,通常是给新产品一个恰当的定位和名称,从感性的角度来激发消费者的购买热情,而且这种命名性的概念设计,都会有深层次的社会及文化背景。这既是一种市场的迎合,同时也是对产品文化概念的一个成功探索。

(3)改良设计

所谓改良设计,就是在研究了现代技术、材料、市场等因素的前提下,对以前的产品中的缺点和不足进行改进的设计方式,一般这类的产品设计主要集中于产品的功能和外观上。例如,带有橡皮的铅笔、自动铅笔、卷纸铅笔的发明,就是根据原有铅笔的不足进行了改良设计。

一个企业每年都会有新产品问世,而新产品也仅仅是具有创新精神的企业设计师所有提案中极小的一部分。在竞争激烈的市场经济中,随着企业新产品开发周期的缩短,新产品淘汰的周期也越来越短。在日本,每隔半年就会有一轮新产品上市。改良设计往往只是对前一轮产品的缺陷与不足进行修改。随着改良设计的不断深入,它能使产品的性能得到不断的提升,生产出引导和改变人类生活方式的新产品。

4.产品设计的生产方式分类

(1)手工艺产品设计

手工艺是"工"和"艺"的结合,是技术、技巧与技艺相结合的完美体现。手工艺产品是设计师依靠双手和工具,以手工的方式对原材料进行加工处理制作而成的设计。手工艺产品设计师的技艺是手工艺产品设计的最重要前提,此类设计因循古法,在制作技艺和制作原料等方面都传承传统的选择。现如今,科学的进步为我们提供了更多新物质材料,也为手工艺产品设计的革新提供了更多可能,手工艺产品设计师在继承前人优秀传统的基础上,也在努力地探索求新,以发展传统手工艺产品设计。

手工艺设计与工业产品相比,更具有个性化、风格化、民族化的特征,这主要是由于手工艺的设计和制作不可能完全分离,传承下来的民族传统风格和设计师自己的趣味经验都会在产品的设计生产中得到体现,因此更具特色,更亲切、细腻、自然,和机制的标准单一、充满冷漠感的产品截然不同。

①传统手工艺设计

传统手工艺是指历史上形成的、手工业生产实践中蕴含的技术和工艺或技艺。它是由各族人民群体创造或个体世代传承的,与社会生产和日常生活密切相关。例如,古埃及建筑中的装饰、古巴比伦的雕刻、18世纪法国宫廷流行的"洛可可"风格样式以及中国晚清时期的陶瓷等,都形成了各自独特的传统工艺风格。传统手工艺设计是使用传统原材料,经由一定的工艺流程,通过手工或传统工具进行设计加工的过程,例如,玉器、陶瓷、木雕、刺绣、印染、髹漆、金银首饰等。这类手工艺大部分采用的都是珍贵或特殊的材料,经过精心的设计和雕刻,成了现代形态的传统手工艺品。

民族传统是一个民族智慧的结晶,明智地对待传统不仅是尊重民族自身历史的需要,也是传统为现代化服务的需要。走向设计现代化,民族传统不是一种累赘,而是一笔可借鉴的财富。但这并不意味着对传统手工艺形式或方法进行简单照搬,应当将注意力放在传统工艺思想所包容的民族优秀文化内涵、民族精神和民族个性诸方面,从中挖掘出新的民族特色,同时又具有时代精神的现代设计风格。日本是一个具有强烈民族意识的国家,同时也是一个善于吸收他人长处、兼容并蓄的民族。日本"现代设计"和"传统手工艺"的"双轨制",是使日本打入国际市场、赢得市场份额、驾驭市场销售的重要法宝。日本人对于民族传统艺术的保护和对于民族精神的弘扬,对中国乃至世界现代化设计有一定借鉴意义。

②现代手工艺设计

新材料、新工艺的不断出现,为现代手工艺的发展提供了必要的条件。从事现代手工艺的人,已不是传统意义上的匠人,而是工艺设计师、工艺美术院校的师生、具有一定艺术修养和审美能力的设计人员。所以现代手工艺设计是综合了现代材料、现代设计观念、审美意识和手工制作技术相结合的产物。它的范围也很广泛,包括各种纤维壁挂饰品、现代陶艺、金属工艺、铸铜、雕铜、玩具、编织、漆器、玻璃制品、皮革制品、皮毛制品、纺织、雕刻和各种首饰工艺等。虽然其中一些现代手工艺品与传统手工艺的某些品种有某些相似之处,但是它的表现手法和艺术风格却已经发生了根本的变化,成为新时代的工艺作品。

③民间手工艺品设计

民间手工艺品,是就地取材、以手工为主的工艺用品,是人们从生活需要和审美情趣出发,根据材料特性与艺术技巧设计制作的精美观赏产品。其中,包含大量手工彩绘的民间工艺图形设计,诸如民间绘画、剪纸、刺绣(见图1-18)、壁挂、编织、地毯、雕漆、木雕、竹编、草编、蓝印花布、蜡染、泥塑、民间玩具等。

图 1-18　民间刺绣

　　民间手工艺在现代有别于专业艺术工作者的专业创作设计，表现为一般民众的业余生活创作的设计。民间工艺以广大的农民和城市居民为主体，从时态上而言，民间工艺包括了传统工艺，又包括了现代工艺。从生产形态上讲，它是手工的，同传统手工相比，无论是作者构成、生产方式及工艺材料与工艺制作，还是作品艺术风格与服务对象，都截然不同。它自成体系，成为设计艺术中一个重要的部分。

　　在民间手工艺中，农民画也是别具特色的一种形式。它源于农村传统图案和农民文化的需求，生产劳动、生活美化、自娱自乐也是促进其成长的肥沃土壤。农民画主要从剪纸、刺绣、彩雕以及灶壁画等民间美术形式中发掘、演化出别具一格的彩绘图形风范。农民彩绘的构图习惯采用平面方式，画面极为直观、丰满；给人一种原始、质朴、敦厚、稚拙的艺术感受；在色块组合时，大胆地超越自然，赋予其丰富的想象力；主要内容以农家趣事、风情、习俗、宣传、服务等为题材，沁透着清新芬芳的泥土气息。

　　(2)工业产品设计

　　工业产品设计是以机械为主要工具对原料进行有目的的批量生产的设计。该概念最早出现于 20 世纪初的美国，用以代替工艺美术和实用美术等概念而使用的。工业设计按照产品种类大体可分为服装设计、器皿设计、重工业产品设计；再细分为家具设计、服装设计、纺织品设计、日用品设计、家电设计、交通工具设计、文教用品设计、医疗器械设计、通信用具设计、工业设备设计和军事用品设计等下文将主要探讨日用品、交通工具、家具、服装等的设计。

①日用品设计

日用品又被称为生活用品，主要是指人们在日常生活中需要使用的物品。日用品设计就是针对人们的日常生活必需品的设计。例如，洗漱用品、化妆用品、家居用品、厨卫用品、床上用品、装饰用品等产品的设计。

②交通工具设计

交通工具设计主要包括各类车、船和飞机的设计。人类很早就有"凿木为舟船、轮车"之说，交通运输工具经历了从独轮车、人力车（上海一带称"黄包车"）、牛车、马车、三轮车、自行车、摩托车、汽车、火车、飞机等历史演进的过程。

今天，拥有新颖的交通工具已经成为一个人财富和地位的象征。拥有轿车的家庭越来越多，对款式、造型、功能、色彩等要求也各不相同。汽车造型具有明显的科学技术和艺术的双重特征。它的表现形式明显地反映了当代科技发展的方向。从一辆汽车的技术水平、材料加工水平、选材及造型特征等方面可以清楚地知道它是哪个年代的产品。比如，20世纪30年代后期的汽车，由于机械冲压加工能力的提高和对空气动力学的初步认识而导致对"流线型"的追求，车灯、铰链、脚挡板等外部零件开始与汽车整体结合起来。20世纪40年代初，汽车的翼子板开始与车身连接起来。进而，由于发动机及附件结构的简化和对空气动力学的初步研究，到20世纪40年代中期车灯已都隐入翼子板中，水箱罩统一起来并开始向横向伸展。1946年开始出现汽车平顺的侧面，由于汽车玻璃生产工艺的不断改进，曲面玻璃和大墙曲面玻璃都可以生产了，1952年开始一些汽车取消了前风窗的中支柱。20世纪60年代，汽车明显表现出向整体造型过渡，这种造型充分地表明了现代化制造工艺的成熟。

21世纪以汽车为主的车辆设计已融入流行文化的潮流,从轿车、旅游巴士、多功能汽车、地铁列车、磁悬浮列车等的设计,就可看到这种潮流中的"车文化",已经越来越受到当代人的青睐,更注重人性、精神要求和最优化享受的特点,由此导致从车体造型设计到色彩、形式、功能等一系列设计,从技术因素到艺术因素不断开拓新品种和不断花样翻新的趋势。

交通工具设计的发展趋向主要包括两个方面:首先,人的主体作用得到进一步强调,设计将发挥更多对技术的引导作用,未来交通工具设计考虑的主要因素将回归于"人",以人的实际需求为最主要依据;其次,科技革新带来的信息化浪潮将为交通工具的新一轮革新注入强有力的动力,新的信息交流方式正改变着人们心中的传统交通观念,信息传递、空间位移和目标系统实现方式的多元化,将结合成为全方位、多维的新的交通系统,未来的交通工具将不再是简单的代步工具,而将会进化成为人的信息环境和生活空间。

③家具设计

家具设计既属于工业产品设计,同时又是环境设计(室内设计)中的重要内容。一件精美的家具不仅实用和耐久,而且必须符合人体工程学的要求,在具有良好的审美价值的同时,还要与陈设环境保持协调。

中国传统家具作为我国文化遗产中的重要瑰宝,在世界家具史上以其鲜明的特色独树一帜。从简单的石凳到复杂的硬木椅,从古典精美的豪华家具到简洁舒适的现代家具,无不体现其实用与美观相结合的辉煌成就。尤其是明式家具那鲜明的民族特色、简洁的形体及适宜的尺度,更为世人所推崇。

21世纪是科技信息时代,也是生态文明时代,家具发展的趋势:一是简洁;二是环保;三是新奇。简洁而高雅,是现代人共有的审美理念,人们在快节奏、大压力、疲乏的工作生活之后,常需要有片刻喘息之机,因此渴望宁静、单纯、清爽的环境,而充满高科技现代感和充满自然气息的环保家具,让人们如同走进一片绿洲,达到返璞归真的境界。新奇而艳丽的家具,在许多方面突破传统,给人耳目一新的个性化享受,备受追逐时尚的年轻人的青睐。

家具通常的设计程序,先是依据对市场信息、材料供求、生产工艺等方面的调研,通过对使用功能、人机工学、鉴赏心理、用材结构等方面的分析与综合而形成构思形象;再经过综合优选形成较理想的设计图形;继而是设计制图,并在此过程中反复推敲功能尺度、造型结构、比例权衡、加工技术、用料分寸、反视感矫正等方面的适度性;最后是实物模型制作和家具成品制作过程。

家具按使用材料可分为:木质家具、金属家具、塑料家具、竹藤家具。另外,还有漆工艺家具、玻璃家具、软家具、曲木家具、旋木家具等。按照结构方式可分为:框式家具、板式家具、构件装配式家具、叠积式家具、组合式家具等。按照功能又可分为:坐卧式家具、凭倚式家具和储存家具。家具除了本身具有坐、卧、倚靠、储藏等固有功能之外,在室内环境中还起到组合空间、分隔空间和美化空间的作用。

④服装设计

"衣食住行"是人们生活中最为关心的话题。"衣"被放在了首位,显而易见服装与人们的生活联系密切。自从人类开始使用各种材料制作遮身蔽体的原始服装,距今已经有数千年的历史。服装作为东西方每个历史朝代变迁的缩影,映照出各个历史时期的自然概况、时代背景、人文环境、生活方式及艺术特色等方面的差异。在这种历史背景下,都会产生极具特色的服装样式。

因此,服装的重要性在于它不仅仅为了满足人类生存需要的一种产物,更是为了强调人作为社会的成员所追求的更高层次的精神与物质追求,是人类文明程度的一种体现。

在社会文明不断进步的今天,人们对服装产生了更高的要求。基于这种要求,服装设计作为一门实用艺术也得到了不断的发展。服装设计的本质是一个创新的过程,每个人都具有创新的能力,但并不是每个人都能成为服装设计师。服装设计既要有感性的艺术审美创造,又要有理性的物化过程,只有二者有机结合,才会有适应市场、满足消费者需求的成功设计,如图 1-19 所示。

图 1-19　服装设计

服装设计是以人为对象,运用恰当的设计语言,完成整个着装状态的创造性行为。服装设计是功能、素材、技法三者的统一体。功能是人的需求,素材由功能决定,技法由素材决定。

(二)视觉传达设计

"视觉传达设计"一词在设计专业及广告界和部分企业中广泛使用,是"具有视觉传达功能的设计",指利用视觉符号传达信息、进行沟通的设计,也是探讨和解释设计的功能和目的与美感的形式法则。视觉传达设计主要处理和解决人与物之间视觉信息的完美交流,进一步完善人类在设计领域的认识观念。视觉传达具有十分丰富的内涵。

1.视觉传达的形态属性

（1）自然形态

自然形态是自然界中一切未经人为因素改变而存在的现实形态。在实际生活中，自然形态无处不在，而人工形态和自然形态有着不可分割的关系。自然界的丰富多变，为艺术创作和设计提供了取之不尽的源泉，许多的人工形态都是从自然形态的启示中萌生出来的，如肯德基的创意设计（见图1-20）。

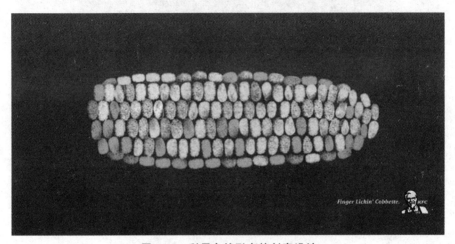

图1-20　利用自然形态的创意设计

（2）人工形态

人工形态的创造是在人类进化和时代发展的基础上进行的，是人类有意识、有目的地对自然形态的物质材料进行加工的结果。

人工形态根据造型特征可分为抽象形态和具象形态。抽象形态是根据原形的概念和意义来创造的观念符号，使人无法直接分清原来的形象和意义，它不模仿现实，而是以纯粹的几何观念提升的客观意义的形态。具象形态是指按照客观事物的本来面貌及构造进行的写实与仿造（见图1-21）。构成形态的造型是形态特征的必要元素，它不仅仅指物体外形、相貌，还包括物体的结构形式。虽然宇宙万物千变万化，但外形都可以解构为点、线、面、体等基本要素。

图 1-21　利用人工形态的平面创意设计

（3）具象和抽象形态

具象形态在造型艺术领域中，是指人们在生活经验中已形成观念并可以明确指认的存在物，但凡可以对照的形态，即是"具象形态"。与其相对应的是抽象形态，人类拥有抽象造型能力可追溯到原始社会时期，在我国原始的陶器上就存在着大量的抽象形态纹样，如三角纹、圆点纹、漩涡纹、月牙纹、火焰纹、波折纹和图案化的鸟纹、鱼纹及蛙纹，等等（见图 1-22）。

图 1-22　原始陶器上的花纹

抽象形态要从抽象思维的角度入手。抽象思维的特点是把我们直观所看到的东西通过抽象概括形成概念、定理、原理等,使人的认识由感性认识上升到理性认识,再由理性认识转换为感性认识的过程,进行"去粗取精,去伪存真,由此及彼,由表及里"的再创造。

　　抽象与具象具有相对性,"抽象"和"具象"并非绝对的概念,抽象与具象在相对比较中存在,它们之间存在不确定性和可变性。当一个具象形被概括、提炼之后,仍保留原来的本质特征,这一过程即为"抽象",由此产生的新的造型形态对于原来的造型形态来讲就是抽象的,毕加索的作品《公牛》,逐步从具象的造型形态演变为抽象的造型形态就是一个很好的例证(见图1-23)。从这个角度来讲,"抽象"即为事物本质特征的概括与再现,这种再现,可能是具象的形态,也可能是抽象的形态。

图 1-23　毕加索的作品《公牛》

　　抽象,作为形态构成的一种观念,它追求"物质的抽象和自然规律的抽象"。抽象形态是对具象形态的升华和概括,点、线、面、色的抽象化同样能激发人们的情感,如抽象形态中的明与暗、强与弱、轻与重、刚与柔、动与静、聚与散等同样给人带来不同的感受,有崇高、雄伟、优美,也有滑稽、忧郁、悲哀、欢快等(见图1-24)。抽象从形象思维方面来说,只能是具象的相对概念。无形的抽象,在视觉艺术中是不可能的。但不得不承认,抽象是客观存在的,人类的精神世界是不能离开抽象思维的,这就是艺术抽象之所以能存在的基础。

图 1-24　抽象艺术画作

2.视觉传达设计的要素

（1）文字

文字是一种约定俗成的,能够表明含义的视觉符号,在视觉传达设计中,文字永远是最基本的要素,如设计一张海报,可以以图形的形式进行设计,也可以直接采用纯粹文字的形式进行编排。文字从其信息功能角度上可分为标题、副标题、正文、附文等类别。随着时代的发展,视觉传达设计中的字体不再局限于中国汉字字体,对外国字体也有十分广泛的应用。

①中文字体

中文字体的图形形式主要有三种：一是铭体,指古代流传至今,铭刻于碑板器皿上的文字形态,主要有甲骨文、金文、印章和碑文;二是手写体,也称书写体、书法,包括篆体、隶书、楷体、行书和草书;三是印刷体,是自古至今印制于各种载体上的较为规范的字体,包括采用雕版刻制的货币、幌子、书籍、公文之中的通用文字,印刷体是视觉传达设计常用的体式。

图 1-25　中国古代铭文

　　中文印刷体经过不断的发展与演变,逐渐形成统一的方块结构,从视觉角度上来说,中文字体所具有的图文特征具有强烈的视觉传达的冲击力(见图 1-26)。

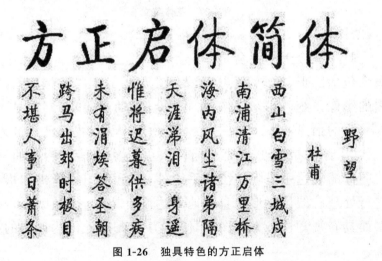

图 1-26　独具特色的方正启体

②外文字体

　　一直以来,外文体多以英文为代表。在设计中主要使用的是印刷英文体,约有 60 个国家和地区通用。随着国际交往的日益频繁,英语已成为国际通行的语言,是使用地域最广泛的文字。其字母包含矩形、圆形、三角形三种基本类型及其组合变化,它不可能被纳入同样大小的方格之中；此外，英文字母自古横行排列，故字体的高度相对统一，而字面的宽度则因字而异，这种尺度的变化可称为"字幅差"，英文字母经过漫长的历史演变形成了多种体系（见图1-27）。

图 1-27　花体英文

（2）图像

"图像"在今天的社会是一个新颖、广泛的命题。图像中"图"的概念包括图形、插画、标志、图表、图形文字等；"像"包括数字化在内的影像系统（摄影、视像、影像、摄像、动画等）。调查显示，现代人接收的信息80%来自图像，无怪乎有人说：我们已经进入"读图时代"。图像成为更快捷、更直接、更形象的信息传达的语言。现代图像的表达手段除传统的手绘外，大量使用计算机和摄像技术进行处理。图像能形象直观地表达设计主题，作品中是否拥有完整而具有视觉冲击力的图像，便成为实现视觉传达目的的关键因素。

传统的摄影概念，是通过胶片的感光作用所拍摄下来的实物影像。随着科技的进步，当今的摄影大部分由数字化技术所取代，使现代摄影充满无限魅力。摄影的形成与发展为人们打开了了解世界的窗口。设计创意、印刷质量和传达内容是对一张影像作品的评价因素，它的真切感、直观性能够使大众对其传达的内容产生兴趣和信赖。设计师从摄影中获得素材、灵感和激情,并获得艺术表现的自由与愉悦。在设计中,根据传达功能和形式需要,对原有影像作品进行退底、合成、虚实、重构、特写、特质、影调、出血等方面的处理,能够使作品含量更为丰富。摄影图像常被应用于广告、包装、影视、动画、展示等视觉传达设计领域,给人以情节的联想、激发人的想象力(见图1-28)。

图1-28 摄影图像被应用于广告设计

图形,是有别于摄影的另一种图像元素。在视觉传达设计的范畴中,传统的图形多是以手绘插图形式出现的,是由专业设计师或者插图画家创作绘制的一种表现手法,是以解释、补充和装饰为目的的。现代图形插图,因其出色的造型和色彩效果,更多地具有说服、诱导设计传达的功能。在摄影技术广泛应用之前,这种表现手法十分普遍。这些插图图形,有独特的人性化魅力和朴素、灵动的形式感,在传达相关信息内容时,具有一定的灵活性及特殊的表现力。

(3)色彩

色彩直接诉诸人的情感体验,是一种情感语言,它能够表达出人类内在生命中某些极为复杂的感受。

从事视觉传达的色彩设计工作,必须具有良好的色彩感觉和色彩学素养,具备对色彩主色调、冷暖色、明色与暗色、同色系与

补色系等各个方面的调控能力,在设计过程中有目的、有计划地
选择用色,以达到吸引受众、强化信息传达的目的(见图 1-29)。

图 1-29　可口可乐平面广告设计

3.视觉传达的价值

(1)社会价值

传达是人类生存和发展的根本需要,"为传达而设计"保证了
设计的视觉传达机制不背离正确方向,让沟通更深入、更有效。
传播是社会得以形成的工具,大众传播是以大众为主体,目标在
于传播消息、观念、意见,从而促进民意,宣传公益,导引大众欲
望,满足大众需要。视觉传达设计是需要借助各种媒介向大众进
行传播才能实现和促进其所强调的视觉传达功能,快速性、渗透
性和时效性正是信息传达畅通无阻的有力保证。

视觉传达设计本身的价值体现和功能要求都使它不可能成
为孤芳自赏的艺术,它要锁定目标受众,采用多种视觉媒介实现
推销商品、宣传服务和传播意旨的目的。我们正生活在人类有史
以来视觉文化和人为符号最为发达的时代,视觉形式已成为我们
生活中不可或缺的部分。英国著名艺术批评家伯格(John
Berger)说:"在历史上的任何社会形态中,都不曾有过如此集中
的形象,如此强烈的视觉信息。"在现代视觉文化中,"视觉"已经

成为庞大的文化产业,生产主体增加了,视觉媒介更是急剧增长。

(2)商业价值

科学技术的发展,使媒体成为社会生态环境中重要的环节。媒体的膨胀对社会产生了巨大的压力和影响,电影、电视、印刷媒介等所造成的强烈的视觉感官刺激,完美的视听效果带给人们极大的精神享受。视觉的影响效应如此广泛,甚至主宰了人们的消费经验和判断能力。

视觉传达设计通过意义嫁接把这种象征意义和文化价值赋予商品,将商品和这种象征意义或文化价值巧妙地整合在一起,使商品成为这种象征意义的载体。商品的符号差异性代表着商品之间的差异,决定它的生存意义,并且通过这种差异使符号映射商品中蕴含的情感和社会价值(见图1-30)。

图1-30　品牌标志

(3)文化价值

随着社会的进步、时代的发展与社会生活节奏的加快,当今的时代已经进入了一个以视觉图像为中心的视觉文化时代。电影、电视、动漫、广告、绘画、雕塑等各种视觉艺术形式相互借鉴,相互碰撞,迸发出无数绚丽缤纷的视觉设计灵感。不管视觉时代的设计形式多么让人眼花缭乱,在视觉所传达的信息中必然会体现出传统历史文化的内涵。视觉传达设计的核心就是传播历史文化内涵,是当今视觉时代的文化根基,也可以说视觉传达设计的整个发展过程反映了整个人类社会进步的历程。而优秀的设计不仅要吸引人们的注意力,更重要的是要在信息传播的基础上具有良好的可视性、可读性和可感性(见图1-31)。当今社会是从视觉传达设计走向视觉文化的时代,我们更有必要在视觉传达设计中反映社会文化内涵与价值。

图1-31　巴渝文化设计宣传设计

(三)环境设计

1.环境与环境设计释义

《新华字典》里将环境定义为"周围一切事物"。英文里"环境"对应的有"surrounding"和"environment"两个词,两者都指一个人的四周的生活环境,但后者更强调环境对人的感受、道德及观念的影响,而不仅仅是客观物质存在。本书中所论述的"环境"应指围绕我们四周的、人们赖以生活和居住的环境。

环境设计关注的是人的活动环境场所的组织、布局、结构、功能和审美,以及这些场所为人使用和被人体验的方式,其目的是提高人类居住环境的质量。经过规划的人居环境往往组织规范空间、体量、表面和实体,它们的材料、色彩和质感,以及自然方面的要素如光与影,水和空气、植物,或者抽象要素如空间等级、比例、尺度等,以获得一个令人愉悦的美感。许多环境设计作品同时还具有社会、文化的象征意义。简言之,环境设计是针对人居

环境的规划、设计、管理、保护和更新的艺术。❶

　　环境设计是指环境艺术工程的空间规划和艺术构想方案的综合计划,其中包括了环境与设施计划、空间与装饰计划、造型与构造计划、材料与色彩计划、采光与布光计划、使用功能与审美功能的计划等,其表现手法也是多种多样的:著名的环境艺术理论家多伯解释道:环境设计"作为一种艺术,它比建筑更巨大,比规划更广泛,比工程更富有感情。这是一种爱管闲事的艺术,无所不包的艺术,早已被传统所瞩目的艺术。❷ 环境艺术的实践与影响环境的能力,赋予环境视觉上秩序的能力,以及提高、装饰人存在领域的能力是紧密地联系在一起的"(见图1-32)。

图 1-32　环境设计

2.环境设计的本质

(1)艺术与科学的统一

　　环境设计是艺术与科学的统一,它的宗旨是为美化生活服务,是生活方式的设计,即实用功能,实用功能是产生认知功能的基础。

　　但环境设计的目标又不仅仅止于实用,它还要求设计具有艺

---

❶　周锐.新编设计概论[M].上海:上海人民美术出版社,2011.
❷　宋奕勤.设计概论[M].北京:清华大学出版社,2011.

术性。环境设计受到诸多艺术学科的影响,譬如绘画、音乐、戏剧等,它与这些艺术学科一样都与美学息息相关,其艺术美的特征涵盖材质美、构造美、意境美和形态美,这些都在形式上得以体现。形式上要注意各元素的统一,以形成视觉上的有力群体,还要注重元素之间的变化,顾及尺度和比例,以避免单调,使之与周围环境更为协调。

除了以上这些,在环境艺术表现中还应该注意色彩、质感、重复、平衡、韵律及象征等要素。

随着环境声学、光学、心理学、生态学、植物学等学科适用于环境设计之中,以及利用计算机科学、语言学、传播学的知识来对人与环境进行深入研究与分析,相信环境设计会更加深化,其艺术性与科学性会结合得更为完美。

(2)感性与理性的统一

环境设计是人类的一种行为,是感性与理性的统一。感性主要是指从"创造性"这一点出发来探索环境艺术,现代科学研究表明,人的创造活动离不开想象和思维。想象和思维同属认识的高级阶段,它们均产生于问题的情景下,由个体的需要所推动,并能预见未来。在环境设计中,潜意识与直觉起着相当重要的作用。只有经过潜意识的活动,才能产生"使问题得到澄清的顿悟"——灵感。

而环境设计中的随意性、意外机遇是建立在理性"积累"之上的。只有有足够丰富的生活经验的积累,对空间类型及使用功能有足够多的体验,对自然环境及人文环境有足够多的体验,对城市各种机能有足够多的了解,并在专业上积累典型的设计图式,熟悉各流派的经典图式,才能在设计中举重若轻。

同理,人们对具体的环境设计的作品的感知和评价行为也是感性与理性的统一。具体的环境设计作品其实是多种思维的综合表现,要求设计者必须付出巨大的脑力和体力去探索,必须依靠创造性思维活动去创造出适合人们满足人们物质与精神需求的生存空间。

（3）物质与精神的统一

环境设计成果是人为文化产物，是物质与精神的统一。作为人为事物的环境艺术具有物质和精神的双重本质。

3.环境设计的意义分析

环境设计与人们的生活、生产、工作、休闲的关系十分密切。随着人民生活水平、居住水平的提高，人们对各类环境艺术质量的要求越来越高。环境设计的意义表现在以下三个方面。

（1）环境设计体现着人文关怀

环境艺术是人与周围的居住环境相互作用的艺术。环境设计的宗旨是以人为主体，它引导人的行为方式和生活方式，并影响人的思维和情感。各国设计师在探求人类生存、生产和生活环境空间的可持续发展模式的实践过程中，归纳了三条已被国际社会认可的设计原则：有利于保护人类生存的生态环境；有利于使用者身体健康；有利于使用者的精神和谐，身心愉悦。

这三条原则都旨在满足"人"这一主体从物质生存到精神追求的需要。因此环境设计中的"人文关怀"是今天广大设计师面对的重要课题。设计中的"人性关怀"主要表现在人性化设计上，就是要设计更符合人性，更舒适放松的室内、外空间环境，这既是生活在现代效率至上的社会人们的实际需要，也是现代设计师奋斗的重要目标，关爱人、尊重人。总之，环境设计的同时也应是人文关怀的设计，以期满足使用者的文化需求，产生环境与人的对话，增加环境认知度和和谐度，加强环境对人的集聚效应。

（2）环境设计反映着社会文化

从环境与社会文化的关系上认识，环境设计关注的是人的居住环境场所。怎样的场所才是有意义和可栖居的呢？非常重要的一点是认同感，即认定自己属于某一地方，这个地方由自然的和文化的一切现象所构成，是一个环境的总体。通过认同人类拥有其外部世界，感到自己与更大的世界相联系，并成为这个世界的一部分。因此，栖居于同一个地方（场所）的人们通过认同于他们的场所而成为一个社会共同体,使他们联结起来。这使场所具有同一性和个性。从环境场所的总体布局到细部处理上,不同的社会文化都会留下烙印,有时候甚至鲜明地成了城市的某种标志,如伦敦的电话亭(见图1-33)、巴黎的地铁入口、纽约的工业化报箱等;另一方面,即使是对相似的环境场所和概念,不同的文化亦会产生不同的诠释,并赋予不同的内涵。意大利水城威尼斯和我国的江南水乡的氛围和气质就不尽相同。所以,环境是一定社会文化背景下的人居场所,不同的社会文化时时处处反映在我们的环境里。

图1-33　伦敦电话亭

(3)环境设计有利于可持续发展

从环境与可持续发展的角度看,现今人类物质社会的发展速度和对我们赖以生存的环境的破坏速度是同等惊人、前所未有的。可持续发展不是简单地等同于生态化或者环境保护,一般认为,它由环境要素、社会要素和经济要素三方面内容构成。在当今这个时代,任何一个对人居环境的设计和营建活动都应遵循可持续发展的原则。

三、设计的价值论断

设计肩负着知识竞争、决策竞争、技术与人的素质竞争的历史使命,对国家的经济命运、建设发展、社会的物质文明与精神文明建设起到了巨大的推动作用。

(一)推动经济发展

设计作为经济和意识形态的载体,是一个国家、机构或团体发展自我的强有力的手段,也是一个国家社会经济战略发展的主要组成部分。❶

设计不但丰富了历史文化遗产,更创造了当代社会的物质文明,有力地推动了当代社会的进步与发展。

(二)创造价值

当今社会是一个形象消费的时代,追逐名牌的时代,品牌是企业最主要的无形资产,是市场购买的主体,是效益和财富。对消费者来说,名牌是身价的标志、时尚的凝聚、地位的显示和财富的象征。名牌能帮助购买者建立起"成熟的、有品位的消费者"的个人形象,并获得心理上自我价值实现的满足感。所以有一定经济实力的人往往喜欢追逐名牌。可见,通过设计产品,制造品牌产品是提高产品附加值的重要手段。附加价值在生活中十分常见,比如企业的品牌、产品的包装等。这些在很大程度上取决于设计的水平。

众所周知,可口可乐风靡全球,是碳酸饮料的第一品牌。但

---

❶ 英国前首相撒切尔夫人曾经强调:"设计对于英国来说,在一定程度上甚至比首相的工作更为重要。"她也曾这样断言:"设计是英国工业前途的根本。如果忘记优秀设计的重要性,英国工业将永远不具备竞争力,永远占领不了市场。然而,只有在最高管理部门具有了这种信念之后,设计才能起到它应有的作用。英国政府必须全力支持设计。"

是质量好的饮料不计其数,它除了具有独特的口味外,其包装和商标都是由美国著名设计大师罗维设计的。产品广告总是把饮用这些饮料与各种激动人心的画面融合在一起,使人把生命、运动和健康与饮用这些饮料联系起来(见图1-34)。当人们通过设计传达出的视觉符号,对这一企业和产品的形象产生了认同,也就会使这一品牌形象深入人心,产品的市场占有量大也就是自然而然的事情了。

图1-34 可口可乐广告

(三)决定企业生存

众所周知,设计是塑造与提升品牌形象和企业形象的重要手段之一。对于企业发展而言,设计不仅是塑造品牌、维护品牌不可或缺的手段和方法,而且在非品牌企业、非品牌产品的运营过程中,对其经济效益的实现,也起着支配、决定作用。所以,从本质上说,设计决定企业的生产和发展状况。

设计不仅能塑造和维护品牌,还能有效促进销售。在现代市场经济中,商品通过各种类别的设计手段而改变其内外品质,从而促进和增强其销售力。另外,广告设计也具有十分重要的作用,它对商品销售具有十分巨大的推动力(见图1-35)。

图 1-35　"双 11"促销广告

(四)促进社会可持续发展

现代设计改变了人们的生活方式,大大提高了其生活质量,也更为人性化,使我们的生活更加充满情趣。同样,琳琅满目的视觉信息大大丰富了人们的精神生活,使之在物质和精神上都能得到比以前更大的满足。诸如家用电器的更新换代在满足人们日常所需物品的同时,其设计的新颖不仅丰富了消费者的视觉体验,还让消费者在商品选择上有了十分广阔的空间。这种美的生活方式关注了人与自然、人与环境之间的协调一致关系,从而使自然环境和社会环境变得更加和谐融洽。

但是,现实生活中物质和精神水平的很多情况下是以消耗大量资源为代价的,甚至给环境造成了直接的危害,如美国 20 世纪 50 年代的"商业性设计",在丰富人们日常物质生活的同时大大损害了人类的生存环境。认识到设计带来的负面影响,从而能有效地避免环境恶化就具有了现实的意义,因此,在 20 世纪 90 年代设计界提出了绿色设计理念,并把产品生命周期中对环境的影响大小作为评价优秀产品的一个重要标准。

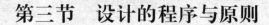

第三节　设计的程序与原则

一、设计的程序

根据英国学者 L.B.Archer 的设计过程总结出一套设计的程序：提出问题—目标定位—情报搜集—现状分析—综合构思—展开设计—方案选定和评价—制造监督—导入市场。

(一)提出问题

设计师要努力发现人们生活方式中的"不合理"的问题，只有发现了问题，才有可能提出问题。有时设计任务是由委托人给定的，设计师还要与委托方商谈，进行仔细的调查和深入的研究善于发现问题，提出设计的具体问题：

(1)设计、制造什么？

(2)这样设计会产生什么样的结果？

(3)为什么要这样？

(二)目标定位

设计问题提出来后，经过认真的思考，最后将一个主导想法确定下来，确立设计的目标。目标定位也许不一定准确，随着设计过程的不断展开和深入，可以随时修正。

(三)情报搜集

目标定位以后，要进一步收集与该目标有关的各种信息与资料。收集的资料是否全面、完整、准确可靠，关系到整个设计的成败。例如，如何搜集情报，搜集哪些情报，等等。情报的直接来源是生活，间接来源是各种文字材料。

(四)现状分析

现状分析包括市场状况分析、目标分析、需求分析、功能分析、使用分析、销售分析、材料分析、技术分析、造型分析、趋势分析等,分析的目的就是寻求问题的解决方案。

(五)综合构思

综合构思阶段是要把分析所得到的可能的解决方案与设计目标进行对照研究,看解决方案与设计目标之间是否相一致,然后提出设计方案的雏形。

(六)展开设计

展开设计阶段是对设计方案进行具象化的处理,用设计草图、示意图、模型等形成一定的设计轮廓。这个阶段设计师要发挥自己的想象力和表现力,使用各种设计技巧,形成许多系列的方案(设计图、效果图、模型、样机等)。

(七)方案选定和评价

方案选定是由设计师作出的。他们从功能、造型、技术、经济、审美、人因等方面对设计方案进行评价和选择,并最终确定最佳方案的实施。

方案评价是通过试产、试销、试用等过程,由生产者、消费者、使用者对设计方案进行的评价。如果设计中存在不合理的因素,就需要对设计方案进行改进,再进行生产、销售。

(八)制造监督

对于有的设计对象(如产品设计),制造监督则是不可缺少的阶段。设计师要与企业生产技术人员和生产组织人员一起解决设计方案在实施过程中出现的问题,主要是工艺、技术、质量、经济等方面的问题。

(九)导入市场

这个阶段不是所有的设计任务所必需的程序。作为产品设计最终的程序就是导入市场。设计师要以顾问的形式帮助产品顺利地导入市场。在导入市场的过程中,按设计目标、市场定位的要求来导入,设计师可以通过广告、包装、展示等设计手段来帮助导入。

设计程序是设计实施的过程,每一项设计都有其一定的程序。

设计程序是十分复杂的,上面的程序也只是一般的程序。不同性质的设计会有不同的设计程序。在整个过程中需要明确的是,程序只是实现目标的手段,而不是最终目的。因此针对不同的设计对象,就要选择不同的设计程序,设计师不能拘泥于某种设计程序,要发挥自己的创造性思维,圆满而出色地完成设计任务。

二、设计的原则

公元前 1 世纪,古罗马建筑理论家维特鲁威在《建筑十书》中就将"实用,坚固,美观"作为建筑创作三要素,或者说是建筑设计的三个原则。"实用,坚固,美观"三原则对今天的设计同样具有重要的指导性意义。

设计的原则是经过大量设计实践,在把握设计规律基础上所产生的,它是对设计实践的理论总结与升华,它来自于实践,指导着实践并接受着实践的检验。设计原则所具有的科学性和指导意义,推动着设计行为向更为合理的境界发展。

(一)服务原则

设计是为满足人的各种物质需求与精神需求而服务的。设计的最终实现是以满足人的精神和物质需求为目的。满足包含着双重内容,即适应和创造。为人服务的设计内容包含两层含义:一是适应人类需求;二是创造人类需求,即潜在愿望。

1.适应需求

设计师的工作起协调和衔接作用,把生产和消费联系在一起,为人类服务。人类在生存发展过程中所产生的欲望和要求,称为需求。以满足现有需求为目的的设计原则,称为适应需求原则。以现时的时间为界,设计师设计出与之相适应的新产品或新的使用方式,具有很强的针对性,设计的目标也十分明确。

2.潜在愿望

创造需求的设计原则是以丰富的可能性和预见性使设计呈现出概念化的前瞻特征,来满足人类的潜在愿望,如图 1-36 所示。

图 1-36　SFERICLOCK 026 闹钟,鲁道尔夫·博内尔

(二)价值原则

所谓价值,是指客观事物本身所具有的某种实际用途和能够满足人们某种需求的属性。设计的价值性体现在实用价值❶与附

---

❶　实用价值是指设计物自身所固有的价值在使用过程中所体现的价值内容。时代的不断发展使市场在设计产品的开发与价值体现上扮演着越来越重要的角色。而产品在使用过程中所体现的价值元素是多元的,如时间价值、信息价值、消费价值、资源价值等都不同程度地影响着设计产品实用价值的形成。

加价值❶两个方面。其中,附加价值的创造是提高设计价值的有效手段,会使产品在满足功能性使用过程中更全面地满足使用者的精神需求(见图 1-37 和图 1-38)。

图 1-37　红蓝椅　格雷特·托马斯·瑞尔特威德设计

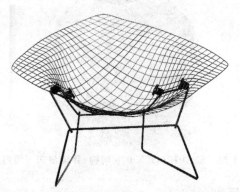

图 1-38　"22"("钻石")躺椅　哈里·伯托尔设计

(三)变化原则

设计自身的变化和时代的变化,是两个相辅相成互为因果的变量因素,它们共同组成了设计变化原则的基本内容。时代在变

---

❶　附加价值是指对产品额外价值所进行的设计与创造。它包括企业形象价值、品牌价值、情感价值、服务价值、信誉价值、文化价值等一系列内容,是把设计产品、环境与人的多层次及多角度的需求融为一体的价值创造。

化,衡量设计的标准也会随之不断更新。因此,及时掌握并预测设计的变化趋势,以适应、引导变化的观念指导设计,使设计成为时代变化的表征和进步的催化剂,这也是设计师必须遵循的原则(见图 1-39)。

图 1-39　沃特·迪斯尼音乐中心

(四)总体原则

总体就是形成事物存在的各个部分的总和。设计总体的概念是指设计的对象——物及物所涉及的周围相关环境与物的使用者——人之间的协调关系。● 无论采用哪种方法,其目的都在于将设计对象的各个局部因素在质量、空间、时间等方面所产生的对比形式,利用突出中心、均衡互补等办法使之达到相对的统一,以获得主次分明、变化丰富、动感强烈的设计效果,以最为恰当的形式组织成一个统一整体。

● "协调"便是在设计中将上述三者关系趋于和谐的基本原则。协调的过程是有机组合的内容创造与完善的过程。

第四节　设计与其他学科的关系

关于设计与其他学科的关系,本节以设计与艺术的关系为代表进行论述。设计与艺术既有一定的共同点,也存在着诸多差异。

一、设计与艺术的相同点

(一)主观目的的一致性

1.物质生产阶段

人类所从事的一系列活动自诞生之日起就有着很强的目的性。旧石器时代的人们选用坚硬的石头打制一块砍砸器或者刮削器,是为了砸断动物的骨头、分离动物的皮肉,以解决温饱和御寒等生存需要,设计史上把这一过程称为人类最早的设计;法国拉斯科洞穴里保存着一万年前的古人用矿物质颜料绘制的马、鹿、牛等大量的动物壁画,美术史上把这些早期壁画作为美术的开端。我们可以理解石器的制造是为了满足生存的需要,而面对拉斯科洞穴里巨大的、充满动感的动物形象时,往往只是惊叹于古人高超的绘画能力和不可思议的想象力,少有人会意识到创造洞穴壁画的人们其目的并非因为审美而是生存的需要。因为在原始人类看来,通过形象绘制就能摄取动物的魂魄从而控制住它们,绘制那些高大的马、健壮的牛就是为了在狩猎中顺利捕获它们。由此可知,早期人类所从事的活动不管称为设计还是艺术,其目的都是出于生存需要。

随着物质技术手段的提高,人类逐渐能够利用各种自然资源制造不同的物品,其目的也越来越多样。古埃及人使用重达数十吨的石块建造高达百米的金字塔已经不再是为了满足遮风挡雨的生存需要了,实际上他们日常的居所基本上是用泥坯建造,甚至包括法老的宫殿,而建造金字塔这种坚固、稳定、巨大的建筑完全是为法老营造一个永恒的来世世界也即精神世界服务的,同时也为工匠们自己的来世信仰做好准备。信仰的需要超越生存的需要使人类展现出无比伟大的创造力。因此,通常的艺术理论认为只有当人在生存需要得到满足以后,才会追求精神世界的满足,精神生产与物质生产的分离也就是艺术与设计的分离。

2.精神生产阶段

文艺复兴以后,人们一般把所谓纯粹精神性的生产归入艺术的范畴并赋予其崇高的地位,其中艺术因为它的造型性(绘画、雕塑、建筑)又被归入造型艺术中;而具有实用目的的物质生产(手工艺生产)则被归入设计之中或者干脆把它作为美术的附庸,称为小艺术,很长时间以来,小艺术(设计)都被看做卑微的技艺,受人轻视。这种二元的分类方法抹杀了人类活动的多样性,忽视了艺术与设计之间天然的联系。比如,对于纯粹精神性的金字塔建造来说,没有古埃及社会发达的物质生产技术作保障是不可能完成如此庞大的工程的;再如,文艺复兴时期众多散发人性光辉的艺术作品,其高超的写实技巧也与当时整个西方社会在物质技术上的进步(比如,医学上人体解剖学的出现、建筑设计中透视原理的运用)紧密相关。正如达·芬奇不仅是一位伟大的艺术家,也是一位伟大的设计师。同样,作为物质生产的设计也并非只是满足于单纯的实用目的。故宫太和殿中间那把金光璀璨的龙椅不只是要皇帝坐得舒服,更是为了彰显皇权的至高无上和威严,其对精神性的要求甚至超越了实用性;即便是当今的工业产品比如宾利轿车的设计,也是极尽奢华之能事,其高昂的价格已不仅仅是满足于出行的需要,而是要炫耀使用者的权势和地位。

因此,当艺术与设计不能简单地归入精神生产和物质生产时,人们发现其实人类在从事艺术与设计活动时都存在着一个共同的需要。原始人类在磨制一块石器时,往往会追求器物的光滑平顺、器形的饱满对称,这些"有意味的形式"实际上已超出了实用目的而具有了形式美;法国拉斯科洞穴里的壁画,用写意的方式表现各种动物生动的姿态,仿佛使人置身于残酷的原始丛林中。可以说,对美的追求是艺术与设计共同的需要。❶

如上所说,人类早期的活动基本上都是出于生存需要,之后有了精神需要和物质需要的分别,但是人类的各种需要无论怎样划分,其实质都体现出人类的主观目的性。就艺术与设计来说,首先,从事这类活动的主体都是人本身;其次,不论实用目的还是审美目的,只要是人所从事的活动都有目的性。可能有人会说,当代的一些前卫艺术既没有审美又没有表现,甚至连创作者的创作目的也没有。这样的说法较为偏颇,因为心理学家弗洛伊德早就证实,即便是人类的无意识活动背后也有着强烈的主观目的。只是通过各种方式隐藏了而已。因此,艺术与设计的第一个共同特征就是主观目的性。

(二)客观视觉的共同性

艺术与设计还具有客观视觉的共同性,也即是说,不管艺术与设计的创造者出于何种主观目的性,它们都以客观视觉性呈现出来。具体表现在以下几个方面。

(1)客观视觉的呈现是物质的呈现,是一个个具体的艺术品

---

❶　17 世纪的英国画家、艺术理论家荷加斯在《美的分析》一书中认为美分两种:一种是以线条为特征的视觉美;另一种是以实用性为特征的理性美。曲线的视觉美是丰富的变化与整体的统一;实用的理性美是以最大限度地满足使用者的实用需要为目的。这样的分类也是西方艺术史上第一次从视觉美和理性美的角度对美术与设计所进行的比较令人信服的区分,但随着工业革命的来临,西方社会发生了剧烈的变动。批量化、规模化生产的工业品大量进入人们的生活,由于机器生产的特点,工业产品的设计已无法像工业革命以前的手工设计一样追求精致、华丽,荷加斯所谓设计中的理性美到了工业革命后再难见到,工业产品的粗制滥造让许多人难以忍受,甚至有人要求设计应该返回到中世纪。同时,美术中对视觉美的追求也在新的技术如摄影、摄像产生后遭受打击,像 20 世纪初兴起的表现主义画派,其画面沉闷压抑,已看不到任何视觉美的影子。

与设计品作为可视物的呈现。艺术与设计通过物的呈现方式把握自身,包括它们的主观目的性。以欧洲中世纪的哥特式教堂为例,其外部的造型着力强调垂直因素的同时还形成了一种高拔、挺直的样式,整个建筑无论是整体或局部上端都设计成尖形,由此产生一股向上的冲劲和动势。另外,在教堂的装饰设计上也是处处镂空雕琢,由于没有墙壁的缘故,宗教性壁画无所依托,设计者在窗户上创造了彩色玻璃镶嵌画,使教堂内部在阳光的照射下呈现出一种色彩缤纷的神秘气氛。哥特式教堂正是通过这样的客观视觉呈现来体现设计者的主观宗教意识并以此感染广大的信众。

(2)艺术品与设计品一旦呈现出来就必然接受大众的检验,而不同的人有不同的检验标准,不同的时代有不同的判断。比如,上述的哥特式教堂建筑,当时的人在面对它的时候会产生强烈的宗教情感,而现代人更多的会从审美的角度欣赏它。

(3)艺术与设计的客观视觉性,使得它们具有共同的视觉构成要素。比如,绘画中强调的色彩、造型等构成要素在设计中也同样强调。只是在20世纪初产生的现代主义设计理念看来,设计的第一要务是功能,形式要服从功能,其代表人物法国建筑设计师柯布西耶更是把功能做到了极致,他的一些建筑设计甚至不做任何的外观处理,粗糙的水泥墙面令人作呕,但建筑内部的功能设计却是面面俱到,诸如,他提出建筑在功能上要给人提供舒适的享受、灿烂的阳光和明亮的房间,并让人能体会到秩序感与和谐感。而就形式来说,他认为机器大生产下的工业品形式应该是简洁、纯净的几何形式,这样的形式才是设计中普遍意义的、永恒的形式。不可否认,现代主义设计运动给予人类生活的巨大改变,但正是由于忽略了设计的客观视觉性,才使得工业产品的形式在20世纪相当长一段时期内都显得单调乏味、缺少个性。因此到了20世纪70年代,西方兴起的后现代主义设计思潮开始注重设计的形式问题,大量色彩鲜艳、造型独特的设计品应运而生,设计师对形式的关注大有超越功能的趋势,正如意大利后现代主义设计大师索特萨斯,在回应人们对他设计的一件五颜六色、呈放射状的书架的功能性表示质疑时所说,为什么只考虑如何使用它,而不欣赏它? 所以在这些后现代设计师看来,由于艺术与设计具有共同的客观视觉性特征,他们所从事的设计工作也是一种艺术创造。

二、设计与艺术的差异

(一)创造体系的差异

就创造体系来说,艺术家创造一件艺术作品,不管出于何种目的(宗教的、审美的、社会的)最后都表现为艺术作品本身的视觉呈现,也就是说,艺术作品的创造是以人类的视知觉器官——眼睛所能看到的方式创造的,也是以这样的方式结束的,如米开朗基罗创作《大卫》,最后表现为通过雕塑这样的三维形式呈现出来;毕加索创作《亚威龙少女们》,最后表现为通过绘画这样的二维形式呈现出来;即便是当今的装置、影像、行为艺术等五花八门、形式众多的视觉艺术最终也是艺术家为了作品本身的视觉呈现。而设计师设计一件设计品就不同了,虽然设计品也是一种视觉呈现,但设计师的创造并不是或者说并不只是为了视觉呈现,更重要的是还有着实用性的考虑。所谓实用性,就是设计品具有实际的用途,比如,建筑是供人居住的,家具是供人使用的,汽车是供人行驶的,也就是说,设计品首先是因为它的实用性而存在,没有实用性的器是不能称作设计品的。艺术则不然,其首先表现为一种视觉存在,创造者并不诉之于器的实用性。原始人类烧制陶器首先是为了各种生活所需,比如盛水、储存粮食等,即便在陶器上绘制各种美丽的图案也并不能抹杀它作为实用性器物(设计品)的特点,只有人们在烧制时不再有实用性考虑,而只是单纯追

求其本身的视觉呈现才进入艺术品的行列。❶

　　比如,中国仰韶文化中那些色彩鲜艳、富于想象的彩陶图案,给人一种审美享受,尤其是马家窑类型中的众多抽象图案,其复杂的造型更是让人惊叹七八千年前的古人类竟有如此不可思议的创造能力。但不可否认的是,这一时期的彩陶首先是为满足人们的生活需要而设计制造的,彩绘这样的装饰设计手法只是为了美化器物。然而,到了龙山文化时出现的黑陶情况就完全不同了。黑陶表面光亮如漆、薄如蛋壳,有些甚至还镂空雕琢,这样的陶器显然不是为了实用性而设计,陶工制作时追求的是薄、硬、光、黑等形式上的特点,视觉呈现已成为器物存在的唯一因素。据专家考证,龙山文化晚于仰韶文化,处于中国新石器时代晚期,这个时期的农业和畜牧业较仰韶文化有了很大的发展,生产工具的数量及种类均大为增长,快轮制陶技术已经普遍,生产效率大大提高;同时,占卜等巫术活动较为盛行。从社会形态看,当时已经进入父权制社会,私有财产出现,开始跨入阶级社会门槛。事实上,我们从艺术与设计的历史演变中也能看出,龙山文化出现的黑陶在摆脱了实用性以后已成为中国最早的艺术品之一了。

(二)评价体系的差异

　　就评价体系而言,一件艺术品的完成意味着艺术家视觉创造的结束,而一旦结束就进入了人们的评价过程。艺术作品通过视觉呈现感染着欣赏者,欣赏者诉诸自己的视觉感官对艺术作品进行形象思维,这一过程中人与器的关系是欣赏与被欣赏的关系。苏珊·朗格反对欣赏者对艺术品的过度诠释,原因就在于,她认为艺术家创作艺术与欣赏者欣赏艺术是两个完全不同的系统。创作者的创作诉诸形式语言,欣赏者的欣赏诉之于文学语言(诠释),两种不同语言之间必然具有不可通约性。当创作者完成艺术品的创作后,艺术品就脱离了创作者进入欣赏过程中,而欣赏

---

❶　陈美渝.美术概论(第2版)[M].北京:中国轻工业出版社,2011.

者又无法完全诠释艺术品的创作,实际上欣赏者进入了再创造过程中,因此器(艺术品)获得了相对的独立。由于这种独立使器与人之间保持着一种疏离,器本质上只有自然损耗而无人为磨损。如米开朗基罗的名作《哀悼基督》,在1972年时一个狂人手持铁锤将这尊雕塑部分毁坏,经修复后管理者用防弹玻璃把它保护了起来,但即便如此也并不妨碍全世界的人们欣赏它。

　　设计进入评价体系后人与作品本身的关系主要是使用与被使用的关系。使用者选择设计品时首先从其创造体系出发,考虑的是器的实用功能。比如,选择家具首先考虑家具的使用,是坐卧、凭依还是储藏;选择手机首先要考虑手机的通信功能;选择汽车首先要考虑汽车的移动功能,等等。器(设计品)是在人们对它的磨损中体现价值的。只有人们对作品本身的实用性要求得到满足以后,才可能追求器的视觉呈现性,也就是通常所说的美观。从经济学的角度来说,人们对设计品的评价主要体现为购买行为,也就是一种消费需求。人的消费需求大体分为三类层次:第一类层次主要解决衣食住行等基本问题,满足人的生存需求;第二类层次是追求共性,即流行、模仿,满足安全和社会需要。这两个层次的消费主要是生活必需品和实用商品,以产品本身的实用性为主。第三类层次才是追求个性,要求设计满足不同消费者的需求。前两个层次解决的是人有我有的问题,而第三个层次则满足人无我有、人有我优的愿望。这就必然要求设计品除了实用价值以外,还具有"审美价值""心理价值""信息价值"等附加价值。

(三)重复性的差异

1.艺术绘画风格的不可重复性

　　在艺术创造中,人与物的关系是不确定和不可预期的,艺术家在创作时主要凭借感性思维,对物的选择没有固定的模式和结构可循,每一次的创造对艺术家来说都是一次新的选择,这就意味着没有哪一个艺术家会在一生中创造两件完全相同的作品。

虽然对于艺术的接受者来说,我们可以从艺术家众多的作品中找到它们之间的相似之处,但这种相似只是风格的相似,绝非完全的重复,反而证明了艺术家个体精神显现的连续性。这种显现作用于艺术作品后,就刻上了只属于艺术家个人的痕迹。所谓艺术风格,不过是接受者对艺术家个体精神显现于艺术品中只可意会不可言传的审美领悟,它的存在恰恰说明了艺术的不可重复性。即便是荷兰风格派大师蒙德里安用最简单的黑白色和三原色加上纯粹的直线、竖线构成的抽象作品也是不可重复的,正如蒙德里安本人的表述一样,这些看起来极为简单的艺术作品其实凝聚了他对上帝的独特理解。事实上,一个资深的艺术鉴赏家很快就能判断出伪造蒙德里安的赝品,原因就在于他凭借对艺术家个体精神显现的领悟就能作出判断。

当然,并不是说艺术创造就没有传承,我们也常常能发现某位艺术家受到过其他艺术家明显的影响,或者某些艺术流派宣称受到以前艺术的启发,比如,19世纪英国的绘画流派——拉斐尔前派。但这也仅仅能说明艺术是在一定的社会结构和文化传统中生成的,艺术家不可能完全摆脱他所属时代的、地域的限制。不过,艺术传统不同于技术文明,技术文明是代代相传、不断积累的,每一个时代的设计师都必须遵循他那个时代的技术准则,就像中国古代建筑,小到老百姓的住宅大到皇帝的雄伟宫殿,技术上都遵循同样的木结构建造方法。这样一来,设计品在同一套技术规范下就可以不断重复地生产,设计师的任何创造都必然会受到技术上的限制。正是设计的技术文明决定了设计品的可重复性,艺术性再高的设计品也注定是要重复生产的。

而艺术传统则与设计不同,艺术家对传统的坚守并不意味着他自己的个性遭到泯灭、独创性遭到扼杀。比如,敦煌壁画发展到唐朝,由于需求量增大,画工们往往依靠粉本作画,这些粉本在画工之间代代相传,遂形成了唐代壁画的艺术传统,但即便如此,我们在众多的唐代壁画面前从未发现过完全雷同的作品,反而每一幅都有精彩之处。有的线描技艺精熟老练,有的人物刻画简洁传神,有的色彩铺排浓艳华丽。面对这些一千多年前的艺术品,我们甚至能够感受到画工们鲜活的呼吸,体会到他们不同的精神显现。可见,传统可能会制约艺术家的个体创造,但决不能抹杀这种创造。相反,艺术为了保有它的独创性和不可重复性实际上不断地在同传统作斗争。

比如,20世纪达达主义的杜尚,他是与传统作斗争的典范,他的作品《泉》既是最早的反叛,又给我们理解艺术与设计的区别留下了最好的注脚。杜尚把一件普通的设计品通过巧妙的情景转换,消解了它的实用性和重复性,变身成为一件艺术史上独一无二、不可重复的艺术品。其实,杜尚就是要告诉我们,一百个读者就有一百个哈姆雷特,艺术的魅力就在于它的多义性,如果都像设计一样有具体的实用性可循,那艺术(美术)的独特性和不可重复性将不复存在。

2.设计的可重复性

设计的本质在于它的创造性和实用性,其视觉呈现性是建立在它创造性和实用性的本质上。我们常说,设计是技术性与艺术性的结合,若失去了技术性,艺术性将无从谈起。但若失去了艺术性,设计仍然可以称为设计,只是这样的设计往往遭人诟病。例如,在1851年英国举办的世界博览会上,展出了来自当时最发达的15个工业化国家的各种工业产品,这些工业产品在设计上概括起来有两类:一类是没有任何美学装饰的产品,如各种类型的蒸汽机,粗糙的机械结构完全暴露在外;另一类是过度装饰的产品,如火车头、缝纫机,为了装饰它们甚至还请来画家和雕塑家。前一类是没有任何艺术性的设计品,而后一类是技术性与艺术性相互分离的设计品。结果这次展出引起了当时的艺术理论家普遍的反感,尤其遭到评论家约翰·拉斯金最为猛烈的批评。拉斯金认为,出现上述现象的原因就在于,人们还在用对待艺术的方法对待设计,把可以重复生产的工业品等同于独一无二的艺术品,这就与工业革命后机器化的生产方式完全背离。他提出的要培养民众的设计意识，把设计教育从艺术中剥离出来，使设计成为一门独立的学科等思想，为后来的现代主义设计奠定了重要的基础。

实际上，正是现代主义设计的出现才决定了现代人对于设计这一概念的核心表述。我们知道，现代设计的特点是设计与生产的分离，因此工业革命以后设计逐渐被认为是一种脑力劳动，生产只是实现设计者意图的一种重复性体力劳动。于是设计的概念在现代工业体系下就成为完成工业品之前所进行的创造。但若从人、物、工业品的角度考察设计的话，会发现上述对设计概念的表述过于狭窄，因为如果把设计仅仅看作从设计到生产的整个流程的一部分的话，会给人这样一个误解，即认为可重复性不过是指生产，而设计就像艺术创造一样具有独特性。这实际上就陷入了一个巨大的矛盾之中。为什么人选择物制造工业产品的过程是独特的，结果（设计品）反而可重复了呢？艺术品如果可重复的话，那就会被称作抄袭。实际上，设计者的任何独特性创造都是为可重复生产的设计品服务的，我们应该把设计作为一个整体来理解。就比如汽车设计，从设计师画草图开始，要经过效果图制作：油泥模型制作、三维坐标测量、电子模型制作、样车制作、风洞实验、模拟碰撞实验、发动机性能测试、路试、实车碰撞实验等，到最后的量产经过了十几个步骤。而且整个过程设计师、工程师、机械师等各种专业人员参与其中，每一个步骤环环相扣，像三维坐标测量、电子模型制作、样车制作等步骤还需要各种专业人员协同合作。甚至量产之后设计还没有最后完成，还要从销售业绩、使用者反馈等市场效果方面来决定设计上是否需要改进、如何改进，等等。

（四）预期性的差异

1.艺术的不可预期性

艺术具有不可预期性。艺术创作者不管出于何种目的，最终都是通过视觉呈现的方式来传达。因此,创作者(人)对物不会像设计那样要从人的使用角度去考虑,物只为最后的视觉呈现服务,人对物的选择都是为了器(艺术品)能够更好地呈现出来。在此,艺术中物的构成虽然也分为构成器的物(如绘画中的点、线、面)和制造器的工具(颜料、画笔、画布)两种,但其性质与设计有着本质的不同。

艺术中的作品只是为了艺术品的视觉呈现,人与作品的关系不是技术关系,艺术家只需要懂得如何让物展现出它的视觉特性就可以了。比如,原始人类选择矿物原料画,不需要像打造石器那样对石块的形状、硬度等物理属性进行认识,他们只需要了解矿物原料的颜色适合表达什么样的视觉效果;同样,雕塑家选择泥、木、石、铁等做雕塑材料不同于建筑设计师那样要考虑这些物在实用功能上的要求,而只是考虑它们在三维空间上的特性。像米开朗基罗对大理石的选择,当他用于圣彼得大教堂的穹顶设计时,除了形态上的考虑,他还必须从建筑的实用性出发,考虑如何利用大理石的各种物理属性及其组成结构,建造一个巨大的穹顶而不至于垮塌;而当他使用大理石雕刻《大卫》时,主要关注的是,如何使材料本身体现出的视觉特性(如大理石的洁白、柔和)有利于对主题(大卫强健的身体)的表达。也就是说,在艺术中人对物的认识是对物的视觉属性的认识,艺术家通过这样的认识才能选择适当的物以构成他心目中的艺术品。

尽管如此,艺术家对艺术品的视觉属性的认识仍然是因人而异的。具体表现在三个方面。

(1)物的视觉性通过眼部器官来判断

第一,物的视觉属性是通过人的眼睛这样的感觉器官来作出判断的。每一个人通过感官作出的判断都有各自的差异,这就决定了艺术家对物的选择不可能像设计师那样与物形成一套稳定的认知体系乃至技术文明,而是充满主观性和偶然性。例如,同样画维纳斯,波提切利喜欢选择优美典雅的色彩和流畅的线条来表现,而提香笔下的维纳斯更多的是对比鲜明的色彩和奔放的笔触；同样雕刻大卫像，多纳太罗选择青铜，而米开朗基罗却选择石材；甚至同一个艺术家在不同的时期对物的选择也会不同。毕加索在早年的不同时期就先后选择过蓝色和粉红色色调描绘社会众生，被艺术史家称为"蓝色时期"（1900—1903）和"粉色时期"（1903—1905）。

（2）视觉属性依靠艺术家本人的感性领悟

因为艺术中人物关系的不确定性，使得艺术家（人）对物的视觉属性的认识和选择不可能像设计那样对物形成定量定性的科学分析以及结构整合。艺术中的所谓技艺更多的是靠艺术家本人的感性领悟而非客观知识去获取，没有严密的体系和统一的结构。即使同一流派的艺术家也仅仅是在创作动机上取得一定的共识，比如，印象派画家们都共同反对古典绘画那种缺乏变化的褐色调子，提倡到自然中去发现色彩。但从对物的选择到最后的视觉呈现上艺术家们是各具特色的，如同为印象派的马奈、莫奈、雷诺阿、德加，他们的作品哪一个不是个性迥异、异彩纷呈。

（3）设计中物的构成随人类科学技术的提高而发生改变

本质上，设计中的物是不断进化和发展的；而艺术中物的改变并不需要随技术的进步而进步，它体现出的视觉属性过去的人们在利用，现在的艺术家同样在选择。文艺复兴时期的绘画同现代主义绘画虽然相隔几百年，但在物（如油画颜料）的选择上却如出一辙。

即便是当今的许多艺术对各种材料的广泛利用已经超越了传统艺术对物的选择，如生产用品、工具器材、电脑电视、工业原料、生活垃圾甚至人本身都可以成为组成艺术品的物，但艺术家对物的认识仍然是从物的视觉属性出发，考虑的仍是最后的视觉呈现。因此，不能因为当今的艺术对物可以自由选择就认为它优于过去的艺术，而只能说传统的艺术样式已经无法让当代的艺术家在日益复杂、多元共生的社会环境下传达复杂的心绪了，物的改变仅仅是出于现代人的精神需求，并不像设计中物的改变那样，受科技推动有所谓先进与落后之分。否则，我们将难以理解为什么非洲的原始木雕会成为毕加索创立立体主义的源头。今天的人们可以在一万年前的古人类洞穴壁画面前驻足不前感受审美的快感，却不可能重拾那时的石器工具再去刀耕火种。

综上可以得知，艺术作品是依靠创作者对物的视觉属性的认识和感官选择，加之艺术家的创造而实现的。在此创作者的整个创造行为基本上都诉诸感性思维。正因为感性的丰富多变和难以把握，就注定了艺术创造的不可预期性。即便是遵循严格技法、讲求再现客观对象的古典绘画，画家在创作时从他的每一个笔触到对色彩的选择、形式感的把握都没有什么确切的规律可以掌握、什么稳固的结构可以套用。他不可能像色彩学理论那样按照明度、纯度、色相的方式定量定性地分析自然界中的色彩，以便所谓科学准确地调配，否则就是千人一面，而不会产生那么多的流派和风格。事实上，古典画家的艺术创作同样带着他个人的喜好和强烈的主观性，其过程中的偶发性连他本人都无法预期。从这个意义上来说，古典画家虽然受到表现方式的诸多限制，但是对形式和色彩的选择仍然是他个人精神的外部显现，这同现代主义绘画并没有本质的不同。总之，在艺术中，物的视觉属性呈现出无限的可能和多元的选择，它使最后器的形成充满不可预期性。

2.设计的预期性

设计与艺术不同，它具有可预期性。设计首先从产品的创造性（实用性）出发，产品对人就存在一个适用不适用的问题。如设计师设计一把椅子，不管使用何种材料（木材、钢管、塑料）、进行何种装饰，最后都要看椅子是否让人们坐得舒服。如果这把椅子在视觉上做得非常漂亮，使用起来却很糟糕，设计师的设计无疑是失败的。因此在选择物构成器时，设计师始终都要从是否有利于人类使用的角度也就是功能性方面来考虑，这就需要设计者对物有充分的认识。这种认识首先是对构成器（设计品）的物的认识。比如，选择用木材做椅子，设计者首先就要了解木材的性质，然后才能决定采用什么样的结构和造型以利于人的使用。明代的椅子设计之所以在中国的家具史上留下了辉煌的篇章，就在于明代的设计者们对木材的属性有着充分的认识，在利用木料本身的色泽和纹理的同时，不用胶和钉，完全采用榫卯结构。另外，明代的椅子在设计上所取得的成就除了设计者对于构成椅子的木材有充分的认识外，还在于制造椅子的工具也发生了改变。其中刨刀的出现至关重要，这使得椅子能够获得光滑的平面，从而在造型上就显得轻灵洗练，比例适度，线条流畅。可见，设计者在选择物时，对制造产品所使用的工具的认识也是很重要的因素。

工具是社会生产力的表现，社会生产力的提高往往与工具的改变密不可分。实际上，工业革命的标志——机器工具的出现就是作为工具的物发生的质变，它改变了人、物、器的相互关系，从物的选择到器的制造都变成了一种标准化、批量化的方式，这就直接推动了现代设计的产生。但要看到，出于实用性的设计对物的认识主要是对物的物理属性的认识。设计者在认识了物的物理属性以后，在设计与此相适应的各种器时，往往以某种结构范式的方式固定下来，并通过经验或者知识也即所谓的技术文明传承下去。

那么，我可以这样总结为：在设计中，人与物的关系首先表现为一种技术关系，物的物理属性及其所形成的结构范式都属于技术的范畴。设计的技术性特点就决定了它和科学一样具有严格的理性认知、规律总结以及由此延伸出的一套稳定的知识体系，同样也决定了它的可预期性。也就是说，在人选择物制造器的整个过程中，设计者可以凭借技术知识对器的最终形成作出预期。总之，设计就是设计者依靠对其有用的、现实的材料和工具，受惠于当时的技术文明而进行的创造，这种创造本质上具有可预期性。

第二章 | 设计的发展历史与趋势

设计是一门涉及知识十分宽泛的学科,设计的发展经过了漫长的历史,是人类思维的跳跃性或逻辑性冲动的展示。在人类文明的发展中,这种活动和人类的审美结合在一起,对社会的发展起到重大的推进作用,本章重点讲述中国设计的发展,西方的设计发展和未来设计。

第一节　中国设计的发展

一、原始社会的艺术设计

中国是人类社会文明的重要发祥地之一。在中国的旧石器时期,人们从事生产劳动的主要工具为打制石器,劳动的对象一般为采集与狩猎等。在漫长的旧石器时期,中国的先人们在对石器打制的过程中慢慢产生了审美的观念。

在距今约一万年前,人类社会开始逐渐进入新石器时代,这个时期的劳动工具要比旧石器时期的更精致,出现了造型相对规整的磨制石器。而这个时期还产生了新的领域——工艺领域。这个领域中的卓越成就为陶器的发明,典型代表是中国的仰韶文化与河姆渡文化,与此同时,牙、骨、石等工艺美术也取得了较大成就。

艺术的根源是生产劳动。所以在人类十分漫长的原始社会时期,创造了大量的生产劳动工具,这是人类社会最早的人工制品,并且这一制品自始至终都贯穿了中国的原始社会。在随后的劳动与生活过程中,人类才开始逐渐地在劳动工具与生活用具上添加了一些装饰纹饰,这就是最早的艺术设计品。发展到新石器晚期,人类的社会生产力得到大幅度提高,劳动出现了结余的情况,这一现象的出现甚至产生了纯粹为了装饰而设计的艺术物品。例如,在山东龙山文化遗址中出土的一个新石器时期的装饰品玉冠饰,如图 2-1 所示。

图 2-1　山东龙山文化遗址中的玉冠饰

二、奴隶社会的艺术设计

在中国的社会发展史上,奴隶社会主要是指先秦时期,这个时期也可叫作青铜时代,是因为在制造青铜器技术上有很大成就。

(一)青铜器艺术设计

夏朝是中国历史发展过程中的首个朝代,在中国的考古发现中,位于河南郑州的二里头文化遗址据考证就和夏代同一时期。考古发现,二里头文化大约在公元前 2000 年时步入了青铜器时代。到了商朝时期,中国步入了高度发达的青铜器时代。青铜器时代最终于春秋时期结束,并逐渐被铁器所取代。

商朝时期是中国青铜器艺术从成熟走向鼎盛的一个阶段,在当时的社会情形中,主要流行的是饕餮纹、云雷纹、夔纹、龙纹、虎纹、象纹、鹿纹、牛头纹、凤纹、蝉纹、人面纹等各种各样的纹饰,反映的是这个时期的人们对自然的崇拜,纹饰的风格十分古朴、神秘。如考古发现的商朝青铜器代表作品四羊方尊,就被称作这个时期最精美的青铜器艺术作品,如图 2-2 所示。

图 2-2　青铜器的代表四羊方尊

在西周前期,社会得到了一定程度的发展,这个时期虽继承了商代的艺术风格,但在之后的发展过程中逐渐地形成了自己的独特风格。表现为质朴、简约,着重强调器具的韵律感与节奏性,体现出规范的秩序与规律。这一时期的酒器具稍微减少了,食器具相应地增多了,器具的铭文也有所加长。当时主要流行的形式有顾首的夔纹、分尾的鸟纹、窃曲纹、重环纹、波带纹、瓦纹等,此外还有长篇的铭文。

春秋战国的青铜工艺,如果从应用的角度来看的话属于一种钟鸣鼎食的组合,此时它已经失去了祭祀与礼器的特性,开始逐渐地向生活日用器具过渡,出现了很多以实用为主的器具。在装饰的题材方面也逐步地摆脱了宗教性质的神秘色彩,在器具上的传统动物纹也得到了进一步的抽象化,成为了几何纹,并且还出现了大量反映当时的社会生活的题材,如宴乐、射猎、战争等;装饰的手法商业得到进一步变化,采用了模印、刻画与镶嵌技术;在制作工艺上也得到简单发展,采用了分铸、焊接;镶嵌(错金银)、蜡模(失蜡法)、鎏金等一些新的铸造技术,将青铜器具的制造工艺发展到一个前所未有的水平。如战国时期的中山靖王墓中出土了一个错金银龙凤青铜方案,便能看出当时的铸造技术之高,如图 2-3 所示。

图 2-3 中山靖王墓出图的错金银龙凤青铜方案

(二)陶瓷的艺术设计

夏朝的文化在中国社会的发展过程中属于新石器时代的晚期,这个时期的陶器主要以红陶与彩陶为典型代表。到了商代,其陶瓷的工艺可以分为灰陶、白陶、釉陶以及原始瓷器等多种类型。灰陶在所有陶器出土中占到了 90% 以上,轮制与模制也比较多,以此来适应大量生产的需要。白陶是商代陶器工艺的艺术珍品,主要由高岭土制成,在商代之后便不再有此类产品出现。釉陶与原始瓷器是中国瓷器的萌芽,在当时的生产数量比较少,在品质上也有较大的缺陷。所以,这个时期的陶瓷工艺,在装饰手法上依然被青铜工艺主导着。

目前,中国出土了大量的周朝时期的原始瓷器,有很多瓷器在造型上也颇具情趣,陶器的材质主要是红色粗泥陶。到了春秋战国时期,陶瓷工艺的技术水平要比西周时的更加兴盛,这个时期的典型陶瓷品种有暗纹陶、彩绘陶、几何印纹陶以及原始瓷器。春秋战国时期,彩塑与瓦当也是极富特色的作品,如图 2-4 所示。

图 2-4　春秋战国时期的饕餮纹半瓦当

(三)雕刻的艺术工艺

到了夏朝,雕刻工艺得到大力的发展。雕刻有着十分浓厚的原始气息,是中国早期社会审美的集中表现。商代时期的雕刻工艺主要有石雕、玉雕以及牙骨雕等多种类型。周时期的玉器,由于和伦理道德之间存在直

图 2-5　河南辉县出土的云兽纹青玉璜

接的联系,受到当时社会的极大重视。在当时,礼仪大典、祭祀朝圣,都要把玉作为必需品,自尊贵的天子到普通的士庶,都把佩戴

玉作为一种时尚,并且一直延续了数千年。对于玉器的大小与规格,也进行了严格的规定,并规定了玉器的不同用途,如图 2-5 所示。

三、秦汉时期的艺术设计

公元前 221 年,秦国通过"商鞅变法"之后迅速变强大,最终统一了中国,中国开始走向中央集权制封建帝国。到了汉朝时期,中国的封建王朝呈现出了大一统的强大国势局面,这一局面的出现促使中国的工艺美术艺术得到迅速的发展并走向盛世。

(一)青铜器、金银器的设计

秦朝统一中国之后,在秦国本地的器具中有一大部分都是陆续从别国运来的,并带有来源国的特色,当然,也有很多是秦国本土的,具有秦国自己的地方特色的器具。在这个时期,青铜器的制造工艺水平也达到了巅峰。汉朝时期,铜器已经开始向生活器皿发展,也最具有独特的特征。与此同时,金银器由于外表十分精巧华美,一度成为当时的王公贵族生活中的必需品。如图 2-6 所示,是秦始皇陵的陪葬坑中出土的铜车马,被称为青铜之冠,其制造技术水准之高,令人惊叹。

图 2-6 秦始皇陵墓出土的铜马车

（二）陶器的设计与工艺

　　秦朝，人们对陶器的制作十分普遍，在当时，全国遍布了官营的或私营的制陶作坊。所制的器物种类也比较多，但是很多仿自铜器的造型，当然也有不少的器物拥有陶器本身所具备的特征，如陶簋、陶盂、陶壶等。秦朝时期的陶塑工艺更是非常发达，如1974 年在陕西临潼考古发现的大型秦始皇陵陪葬墓，其中就有很多兵马俑，这些兵俑有硕大的形体以及精良的塑制技艺，是对当时制陶工艺与雕塑艺术成就的最好解释。对秦始皇陵中的兵马俑测量之后发现，其中的将军俑身高为 1.8m，和真人身高相仿，由此可见，秦人制陶工艺水平已经达到炉火纯青的地步了，如图2-7 所示。

图 2-7　秦始皇陵中的将军俑

　　到了汉朝之后，陶瓷的制作工艺又得到了进一步提升，同时，在当时的生活中陶瓷的使用范围进一步扩大，随之而来的是陶瓷品种、产量也得以增加，工艺日趋完善，成了汉朝工艺美术中的重要领域。这一时期，北方还出现了新陶器——釉陶，这是一种涂有黄绿色铝釉的陶器；在南方则出现了青釉陶。彩绘陶在汉朝时期也得到了较大的发展。汉朝时期的瓷器主要是青瓷，但是也有不少黑瓷，黑瓷的产地大多是南方，产品主要还是日用器皿，纹饰比较简朴。

(三)秦汉漆器的设计

汉朝时期漆器得到较快的发展,其造型非常丰富,它们大多从生活的实际需求出发,注重漆器的实用性。这一时期的漆器是实用性与美观相结合的工艺品典范。

汉朝的漆器在制作上十分精巧、色彩异常鲜艳、花纹比较优美、装饰也尤为精致,汉朝的宫廷大多使用漆器来作为饮食的主要器皿,这是因为漆器要比青铜器更有优越性,在制作的成本上也比较低,制作的工艺与装饰性更强。比如,图 2-8 所示的就是在湖南长沙马王堆汉墓中出土的漆器,叫作粉彩漆圆奁,这个漆器可以分为上、下两层,主要用来装官帽。

图 2-8 马王堆汉墓出土的粉彩漆圆奁

(四)秦汉时期的建筑设计

秦汉时期的建筑造型在商周时期就已经初步形成,尤其是一些十分重要的艺术特点在这个时期也得到了很好的保留并进一步发展,秦汉时期国家的统一,促进了中原和吴楚建筑文化之间的交流,也使得这一时期的建筑规模更加的宏大,组合也更加多样。

　　秦汉时期的建筑主要是都城、宫殿、祭祀建筑与陵墓,到汉末时期,还出现了佛教建筑。都城遵循了西周时期的礼乐制度来规划,经过了春秋战国时期的动乱之后,向自由的格局转变,之后又渐渐地回归到规整的状态。祭祀建筑是汉朝时期十分重要的建筑种类,它的主体部分仍是春秋时期以来比较盛行的高台建筑,呈团块状,取十字轴线对称组合,通常尺度巨大,形象比较突出,追求象征性意义。秦汉时期的建筑总体风格为豪放朴拙,屋顶做得较大,已经出现了屋坡设计上的折线"反字",但是这个时期的曲度并不是太大,屋角的坯也并未翘起来,呈现出一种刚健质朴的设计气质。这个时期的建筑装饰题材大多是飞仙神异,忠臣烈士,表现出一种古拙而又豪壮的气息,图 2-9 为现代人们对秦汉时期建筑的仿制,依稀可见当时的威武雄浑的建筑气质。

图 2-9　仿秦汉时期的建筑造型

四、唐宋时期的设计

(一)陶瓷设计

在唐朝,陶瓷得到了长足的发展,《陶录》中记载称"陶至唐而盛,始有窑名"。这个时期分布在全国各地的制瓷中心都给窑起了窑名,不同的制瓷中心设计烧制的瓷器也各具特色,形成了不同的艺术特点,也正是从这个时期起,评赏瓷器开始了。唐朝时期有名的制瓷中心按照各自所具有的特色来看,可以分为青瓷(越窑)、白瓷(刑窑)、唐三彩。瓷器开始逐渐由秦汉时期以冥器为主逐步转向以实用化为主,这一时期生活性质器皿开始增多;与此同时,唐朝陶塑也得到更加丰富的发展。如在陕西宝鸡扶风县的法门寺地宫中就曾出土了唐朝时期的青瓷精品五曲葵口秘色瓷盘,这个瓷盘的工艺之精,造型之妙,水平之高,一直到今天也无法解释其烧制的工艺,如图 2-10 所示。

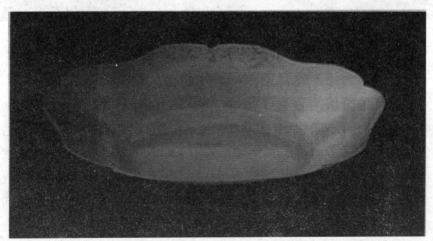

图 2-10　陕西宝鸡扶风县法门寺出土的五曲葵口秘色瓷盘

唐朝时期的瓷器精品唐三彩,属于低温烧制的釉陶器,这里所说的"三彩"只是比较形象的说法。唐三彩的器物形体十分圆润、饱满,和唐朝时期的艺术丰满、健美、阔硕的设计特征一致。

在造型上,唐三彩也十分丰富,通常可以把它们分成动物、生活用具以及人物三个大的类别,这其中又以动物最多。三彩中的人物与动物的比例也适度,形态十分自然,线条比较流畅。在人物俑中,武士的肌肉十分发达,怒目圆睁;女俑也比较形象,高髻广袖,亭亭立玉,丰满。而在三彩中尤以动物中的马与骆驼为多,如图2-11 所示。

图 2-11　唐三彩造型

(二)金银器品的巧妙设计

唐代的金属制品十分发达,产生了大量的艺术设计品,其品类之多令人目不暇接,长安❶都城是当时的制造业中心。唐代的金属制品中最多的当属饰品,如钗、指环等,其次是各种酒器或饮食器,据文献记载,唐朝时期的金属制品有瓶、瓮、莹、杓、碗、杯、盘等。如今已经发现了的唐代金银制品中,高脚菱花形的酒杯和六角菱花形的盘与莲形的碗,都錾镂出了各种常见的花鸟纹样来进行装饰。因为金银器可以作为货币流通,故不易保存下来,目前遗留下来的也比较少。

葡萄花鸟纹银熏球可以说是唐朝的金银器珍品,1963 年秋,

---

❶　长安,寓意为"长治久安",是现在的西安旧址,我国九大古都之一。

考古学家在陕西西安的东南郊沙坡发村❶出土了这个珍贵的文物。其造型极其精美,结构十分奇特,工艺特别精湛,纹饰也很华丽,如图 2-12 所示。

图 2-12　唐代镂空葡萄花鸟纹银熏球(局部)

(三)服饰和家具设计

唐朝时期的丝织品生产遍布全国,主要的制作原料是丝麻,染织的工艺水平也高度发达,在服装设计上,四方连续的放射形图案已经大量出现了,纹样的题材呈现出多样化,色彩上也十分富丽堂皇。唐朝的服饰在款式上大开先河,无论男女的服饰款式都呈现出多变性,质地上极为讲究。图 2-13 所示的《簪花仕女图》,就清晰地表现出了唐朝的仕女们着衣风格以及服饰色彩的倾向。

---

❶　根据考证,这里应是唐朝长安长乐坊旧址。

(a)服饰样式

(b)穿衣风格

图 2-13　唐朝仕女的服饰样式与穿衣风格

　　宋朝时期的染织纹样有很大的发展,其在继承前朝传统的基础上,进一步糅合外来服饰的纹样,并在当时特殊的历史背景中形成的相对封闭、内敛、淡雅的审美观点影响下,产生了一种与唐代雍容华贵不同服饰时代风貌,即清新自然、典雅秀丽(见图 2-14)。

图 2-14　宋代女性服饰样式

　　隋唐时期,由于深受外来文化及其生活习俗的影响,人们不再是跪式而坐,逐渐地发展成了垂足而坐,由此便促使高型家具得到快速的发展,这一时期比较典型的高型家具主要有椅、凳、桌等,这些高型家具在当时的上层社会中比较流行。唐代的家具在装饰风格上也逐渐摆脱了过去那种相对古拙的特色,取而代之的是华丽润妍、丰满端庄的形制。其主要标志性特征为,家具逐渐成套化,种类也相对增加了不少,家具所用木料变得比较广泛,除了一直采用的紫檀、黄杨木、沉香木等木材之外,还开始使用竹藤等一些新材料制作家具,如竹椅和藤椅等。

　　唐朝时期的家具有很多品种,如几、案、挟轼、❶屏风等。而柜依旧沿袭了汉朝时期的造型。将河南陕县出土的汉代绿釉陶柜和西安出土的唐三彩柜作比较发现,二者之间大致相似,如图2-15所示。

图 2-15　唐朝钱币柜(唐三彩)

　　宋代则主要以高足家具为典型。这种家具的种类和功能比较多,总的概括起来有床、桌、椅等,它们在设计上多有讲究。除此之外,宋朝时期还有一种造型比较奇特的床,即平台床。床面是四框,中间镶板,八只如意脚下面有托泥承接,托泥之下还有八

---

❶ 挟轼,即"凭几",古人们席地而坐的一种扶凭或倚靠的低型家具。

只小脚,如图 2-16 所示。

图 2-16　宋朝的平台床样式

(四)唐宋时期的建筑设计

　　唐朝的建筑设计既继承了前朝的成就,同时还受到外域的深刻影响,使得建筑设计形成了一个独立且比较完整的建筑体系,这一体系将中国的古建筑设计推向了成熟时期,并且还对朝鲜、日本产生了广泛的影响(见图 2-17)。

　　唐朝前期,由于社会多年的发展,经济十分繁荣,国力极其富强,对疆域的拓展,在开元年间达到了鼎盛,所以长安和洛阳两地就进行了大规模修建巨大的宫殿、苑囿等建筑,如图 2-17 所示。而在全国范围内,也出现了很多相对著名的地方城、商业城等。与此同时,唐朝时期还在很多地方兴建了大量的寺塔、道观等宗教建筑,并继续开凿石窟佛寺等大型建筑。

　　北宋时期,一改唐朝宏大雄浑的气势,而向细腻、纤巧方面发展,建筑装饰也更加讲究。在北宋崇宁二年(1103)时,北宋朝廷颁布并刊行了一套建筑的官方书籍——《营造法式》。这是一部比较完善的建筑技术专书,目的是加强宫殿、寺庙等官式建筑的管理。这部建筑类著作的颁行,表现了中国的古代建筑发展到宋代时期,无论是在工程技术方面,还是在施工管理方面都已经达到了相当高的新水平。

图 2-17　唐朝时期的建筑遗址

五、明清时期的设计

(一)明清家具设计

在中国历史上,明朝时期是中国古典家具发展的一个黄金期。

明朝时期的家具被称为"明式家具",其制作材料大多为硬木,如黄花梨、紫檀木等,并且在设计时还会采用小结构来拼接,榫卯来搭建的方式,在造型方面十分注重功能上的合理性和多样性,力求做到既符合人的生理特点又富贵典雅,所以,明式家具是艺术和实用的完美结合。

通常情况下,明式家具很少用漆装饰,也没有太多其他的装饰物,重点突出所用木料的颜色、纹理,充分表现材质美,形成了一种十分清新雅致、明快简约的家具风格,如图 2-18 所示。

图 2-18 铁力木材料的明式家具

清朝时期的家具和明朝的完全不同,总的来看,明式家具的结构十分简约,清式家具的结构相对要烦琐;明式家具主要以造型取胜,清式家具则以装饰见长。清中期之后,清朝的家具开始逐渐采用酸枝木、铁力木、花梨木等材料。酸枝木主要是制作大件家具,雕刻的花样也比较多,并且还在家具上合理镶嵌了玉、牙、石、木、螺、景泰蓝等多种装饰物。所要提及的是,花梨木家具也常常会有雕刻、镶嵌等装饰,如图 2-19 所示。

图 2-19 雕刻精美的清式家具

(二)明清陶瓷设计

明清时期,因为受到战乱的影响以及制瓷的资源逐渐枯竭,分布在北方的名窑有的已经停烧,逐渐走向衰落;但是,分布在江

南地区的一些制瓷业却逆流而上,有了很大发展。这一局面促成
四面八方的优秀工匠汇集到这里,其中以江西的景德镇为中心,
制瓷技术也逐步上升为全国制瓷业的典型代表。

　　从古到今,瓷器制造技术都在不断发展。明朝时期,中国的
瓷器技术发展已经达到了比较成熟的阶段,到了清初,中国的制
瓷技巧更是达到了历史上的高峰。明朝时期的瓷器生产主要以
青花为主,无论是宫廷还是民间的用瓷,都把青花瓷瓷器作为主
流,青花瓷的器型十分轻巧玲珑,淡雅优美。同时,还出现了斗
彩、五彩等装饰,表现了明朝釉上彩绘的丰富装饰品种。清朝的
彩瓷继承了明朝的很多技巧,并在这个基础上得到了较大发展,
也分化出更多的彩色,如墨彩、蓝彩与金彩等,这一时期还创造出
了珐琅彩、粉彩等新的装饰品种。瓷器的色彩比较淡雅,成为这
个时期瓷器的特点,从而丰富了清代的瓷器装饰,促使中国陶瓷
走向辉煌的阶段。图 2-20 所示的明青花瓷瓶,其造型十分优雅,
质地细腻,清新动人。

图 2-20　明青花瓷瓶

　　明清时期,中国的紫砂陶设计和技艺发展十分迅速,达到了
制作的成熟期,在紫砂从日常生活用陶中分离出来之后,经过近
三百年来紫砂艺人们经验的积累,紫砂形成了独具特色的风格与
语言,并且门类比较多,名家辈出。在紫砂的设计方面,名家们多
倾向个人的风格,于是就诞生了比较多的经典传世作品,如著名

的清代紫砂壶大师陈鸣远的作品,如图 2-21 所示。

图 2-21　陈鸣远紫砂作品及印章

(三)明清时期建筑设计

　　明清时期,中国古代建筑体系发展到了最后的阶段,这个时期中国的古代建筑虽然在单体建筑技术与造型方面都趋向于定型,但是在古建筑的群体组合布局、空间氛围营造方面,依然取得了十分显著的成就。

　　明清时期建筑所取得的最大成就体现在园林的营造方面。这个时期的江南私家园林与清朝时期的北方皇家园林,无论是在构造还是布局上,都是最具有艺术性的古代建筑群体,比如,明清时期的北京城、明朝时期的南京城,而尤以北京的故宫最为经典,成了世界建筑群中的佼佼者,与此同时,分布在北京的四合院与江浙地区的民居建筑,则是中国民居的最成功典范。

　　这个时期的坛庙与帝王陵墓均为古代十分重要的建筑,直到现在,北京地区仍旧十分完整地保留着明、清两代帝王祭祀天地、社稷与祖先的最高级坛庙,如北京的天坛。明时期的帝陵墓不但继承了前代的形制,还在此基础上独成一格,清时期则基本上继承了明时期的全部制度。比如,明时期修建的十三陵,就是明、清

两代帝陵中的突出建筑。在园林方面,清朝时期的园林建筑发展
也比较突出,如图 2-22 所示就是清朝时期的园林。

图 2-22　清朝时期的园林

第二节　西方设计的发展

一、西方早期的设计

(一)古埃及的设计

古埃及作为世界四大文明古国之一,是世界上手工业时代最
发达的地区。从古代埃及的设计角度来看,古埃及在建筑、壁画、
金属工艺以及饰品等各个方面都凸显着独具特色的文化风貌。

1.古埃及的建筑设计

古代埃及发展到奴隶社会以后,法老王是奴隶主阶级中的无

上领袖,同时,法老王也被视为太阳神的化身。人们认为,法老活着时为人间的王,死后依然是阴间的统治者。古埃及的人们相信,人死之后仅仅是灵魂离开躯壳在宇宙间漂泊,但是一旦灵魂回归到肉体上,人就能够复活,所以古埃及的人们就将尸体制作成木乃伊来加以保存,同时还十分重视棺木的制作以及陵墓的建造,以祈求复活,他们建造的巨型陵墓是闻名世界的金字塔,如图2-23所示。

图 2-23　古埃及修建的金字塔

2.埃及雕塑与平面设计

在人们将法老王的尸体制作成木乃伊之后,因为担心法老王的尸体会腐烂而不能复活,所以他们就用石头去雕塑法老王和王妃的像。人们还设想国王死后仍旧能够享受到在人间时的富贵生活,便又将人间的多数事物画在墓壁上,这就是最早的埃及平面设计。比如,埃及人雕刻的巨型建筑阿布·辛拜勒神庙和壁画,如图2-24所示。

(a)阿布·辛拜勒神庙

(b)埃及壁画

图 2-24　古埃及时期的雕塑和壁画

　　除了传统的雕塑之外,古埃及人还在神庙的柱子上雕塑一些文字、花草等多作为装饰。

3.古埃及的器具设计

　　古埃及的家具主要是按照统治的等级观念来进行设计的,特别是椅子,被视为宫廷权威的象征,其中比较具有典型的代表为从图坦卡蒙墓中发掘出来的法老王座。这个椅子的椅背上的贴金浮雕,体现了国王在生前奢侈的生活情形,如图 2-25 所示。其他的家具如从其他墓中发掘出来的黄金扶手椅与黄金床等。这些古老的家具与当时的建筑一样,具有十分安定而又庄重、威严而又华贵的特征。

图 2-25　图坦卡蒙王座

除此之外,埃及人还创造了十分精美的高脚杯、青铜工具斧、凿等,更多的器具还有珠宝首饰等。

(二)古西亚的设计

两河流域❶和中国、古埃及一样,都是人类文明的发祥地。两河流域分布着一个强大的国家——苏美尔,它是一个以农业为基础的国家,这里的人们生活十分富足,他们创造了灿烂的古文明,这里的人们用砖砌成高达 40 余米的神庙,同时还修建了笔直的台阶通到神庙的顶端,这一时期的制陶技术也比较精良。

1.古巴比伦建筑设计

两河流域主要文明是巴比伦王国所创建的。这里的建筑主要是以方块体积为主的构件建成的,墙壁异常厚重,门窗却设计得较小,这样设计的主要目的是便于控制建筑屋内的小气候变化,以抵抗沙漠环境中的恶劣气候变化。这里的建筑因为缺少木石,所以就采用了夯土墙的方式建造,房屋建造材料一直发展到现在的日晒砖与烧砖,用沥青做黏结材料,发展了券、拱和穹隆结

---

❶　指纵贯今伊拉克境内的幼发拉底河和底格里斯河之间的地区。

构,之后还创造出可用于保护和装饰墙面的面砖以及彩色琉璃砖,如图2-26所示的伊什达城门。

图 2-26　古巴比伦的伊什达城门

2.古巴比伦家具设计

古巴比伦时期的家具创作灵感大多是源于当地的自然形态特征。有一块巴比伦时期的石刻,上面的画面主要表现的是阿瑟巴尼帕尔国王与他的王后一同进餐,真实地描写了古代时期亚述式家具的式样。

3.亚述建筑

两河流域中的底格里斯河上游,遍布着亚述城邦的建筑,其中的神庙与吉库拉塔的形式均以苏美尔的建筑形式作为其建造的蓝本,但是国王的宫殿却异常庞大与富丽。比如,德尔沙鲁金宫殿,采用大石板去修建门道与重要内室的低矮围墙,石板有的用浮雕装饰,有的雕刻成守护的怪兽,这就形成了浮雕和圆雕相结合的奇怪搭配,如图2-27所示。在宫殿的内部,还有国王胜利的浮雕,很大程度上加强了同样的感受,满足了叙事性绘画的需求。

图 2-27　巴比伦围墙石板的守护怪兽石雕

除了上述的设计之外,波斯所产的地毯编织也十分著名,其历史十分悠久。波斯地毯对原材料的选择、色泽搭配、图案设计以及编织的技艺等众多方面都有极为严格的要求,所以,直到今日,波斯地毯仍然是世界上最精细、最富装饰性、最具价值与质地的地毯之一,成为波斯地毯的一个重要标志。

(三)古希腊的设计

古希腊是欧洲文明的重要发源地,古希腊在很多方面都取得了令人瞩目的成就,如艺术、哲学等。尤其是在建筑艺术方面的成就,更是对欧洲两千多年的建筑设计产生了极为深远的影响。古希腊时期的手工业十分发达,荷马曾在其史诗中提到了包括镀金、雕刻等多种工艺技术异常发达,还列举了很多包括桌、椅、床等家具。

1.古希腊建筑设计

古希腊的建筑设计曾经深受埃及建筑艺术的影响,之后才形成自己的风格。因为古希腊对数学与哲学的研究及对人体的体形审美和追求,让古希腊人在艺术的形体方面也追求模数与范式及刚柔结合的体现。他们将这种思维运用到建筑方面,就形成了一种比较稳定的程式化做法,如他们在古埃及柱体的基础上进一步确定柱子、额枋以及檐部的形式、比例乃至组合关系,这就形成了独具特色的"柱式"结构。

古希腊的建筑取得了很大的艺术成就,其中最主要的是纪念性建筑与建筑群的完美形式,这种形式的代表性的作品为雅典卫城和中心建筑帕提农神庙,如图2-28所示。这是一些高品质的建筑工程,就算按照现在的建筑标准来看,其建筑的品质仍属绝对一流。为了避免平行所产生的向外弯的错觉,神庙中所使用的巨型石柱均为向内倾斜的,这就让整个神庙看起来更加稳重且巩固。

图2-28 古希腊帕提农神庙遗址

2.古希腊雕塑设计

古希腊的雕塑和神话之间有密切的联系。比如,在表现人和神的共性特点方面,雕塑的设计,其形体塑造达到了一种很高的审美标准,如图2-29所示。

图 2-29　给人联想空间的命运三女神雕塑

3.古希腊器具设计

古希腊器具,按照着色的不同分为黑绘式、红绘式与白描式三个时期,其中,绘有红、黑两色的陶瓶是最有名的。在瓶画的绘制上继承了古埃及艺术特色,即以人物的线描为主,人物的面部也多用侧面来表示。与此同时,古希腊的陶器设计还按照其用途设计出了早期的标准形状,如图 2-30 所示。此外,古希腊人还设计了独具风格的椅子等器具,搭配幽默的造型、合理的功能结构,充分体现出希腊人制作器具上的智慧。

图 2-30　波特兰花瓶

(四)古罗马的设计

1.古罗马器具设计

共和时期罗马人就已经在室内布置"自来水"与"暖气"了,甚至在其洗手池、橱架上也放有大理石雕刻而成的艺术品。这一时期,青铜翻模技术走向成熟,古罗马人用翻模法生产仿金属陶器,这种方法体现了工业化生产的特点。古罗马大量使用青铜家具,其中有很多家具的弯腿部分都铸造为空的,这一工艺达到了惊人的程度。

罗马家具形成自己的独特风格,在床头装饰了"S"形的扶手,还有不少的大理石床采用十分精巧装饰和踏板。意大利这一时期的椅子多是小扶手椅,造型坚定、安静、朴实。罗马人设计出很多新种类的桌子,并且还在桌子上刻画出比较凝重的艺术风格。

2.古罗马建筑设计

这一时期,罗马建筑的最大特色是混凝土拱券技术,这一技术让罗马建筑呈现出宏伟壮观的外观变成可能,罗马的建筑最具典型的布局是空间组合,艺术形式与建筑功能也大多和它之间存在比较紧密的联系。罗马人发明了一种新的建筑技术,即在建筑的发券上架设石板,把拱顶分成两个重要的部分:承重部分与维护部分,将建筑的载荷集中于券上,在之后的中世纪时期,哥特式建筑将这种结构大大发扬了开来,并创造出了肋架拱。典型代表是角斗场与万神庙,如图 2-31 所示。除此之外,罗马人还把希腊的柱式结构与券拱结构相结合,形成了新的券柱式结构,典型的代表建筑主要有凯旋门。罗马人还在发达的建筑事业之外撰写了建筑学著作,比较著名的是维特鲁威编著的《建筑十书》。

图 2-31　古罗马万神庙的内景

二、中世纪时期的设计

在西方,中世纪时期的设计主要表现在建筑与器具方面。

(一)拜占庭建筑设计

公元 395 年,孤傲的罗马帝国分裂成东、西两个部分,其中的东罗马帝国叫拜占庭帝国,而著名的拜占庭建筑、艺术正是这个时期的产物。

从历史的角度看,拜占庭的设计很大部分继承了古罗马艺术,但是由于所受到的地理环境影响,它同时也吸取了中东地区、叙利亚等文化因素,最终形成了独具风格的设计形式。在设计上,拜占庭建筑的装饰比较奢华,外观十分敦厚,其中最著名的是东正教的大教堂和君士坦丁堡的索菲亚大教堂,如图 2-32 所示。

图 2-32　索菲亚大教堂内景

(二)哥特式建筑设计

中世纪,建筑设计的最高成就为哥特式风格。哥特式风格也叫高直式,其主要的设计特色是建筑垂直向上的动势。哥特式建筑的主要结构体系由石头的骨架券与飞扶壁共同组成。

哥特式建筑在发展过程中完全摆脱了古罗马对建筑的影响,其最主要的标志是极富东方色彩的尖券、尖型肋骨拱顶、大坡度两坡屋面以及教堂中的钟楼、飞扶壁、束柱、花窗棂等。哥特式建筑常常充满了纤细、高耸以及十分神秘的意境。最著名的有法国的巴黎圣母院,德国的科隆大教堂,还有意大利的米兰大教堂等,如图 2-33 所示。

图 2-33　德国科隆大教堂与意大利米兰大教堂

(三)中世纪的器具设计

拜占庭式的家具风格有其独特的地方,如在家具的装饰方面,运用象征了基督教的神圣十字架符号,或者使用一种在花冠的藤蔓间有一些天使、圣徒或各式各样的鸟兽、果实等图案做装饰。拜占庭的象牙雕刻是这个时期的一绝。比如,拜占庭的人们往往会把象牙雕刻的板面用在椅子、箱子等装饰部位,或用来点缀家具。而哥特式的家具则不同,它们常常着意追求神秘的艺术效果。常见的方式是用尖拱或高尖塔的形象来装饰,并有意强调家具的垂直向上线条,如图 2-34 所示。

图 2-34　哥特式家具

三、文艺复兴至新古典主义的设计

(一)文艺复兴时期的设计

文艺复兴是在欧洲资本主义推动下逐渐发展起来的,这一时期的主要设计艺术成就表现在建筑和器具上。

1.文艺复兴时期的建筑设计

文艺复兴时期的建筑设计是欧洲建筑史上的另一个高峰,是继哥特式风格之后呈现出的另一种风格,这个时期的建筑风格诞生于 15 世纪的意大利,之后又传播到欧洲的其他地方,最终形成了各国独特的建筑风格。

这个时期的欧洲建筑师以及艺术设计师们普遍认为,哥特式建筑风格是一种基督教神权统治的象征,而古希腊与古罗马的建筑风格属于非基督教的。他们将这种古典式的建筑,尤其是古典的柱式构图视为和谐与理性,这恰好符合了文艺复兴时期的人文主义思想。所以在建筑设计上,他们既采用了古典的柱式结构,同时还进行灵活变通和大胆的创新,把各地区的建筑风格与古典的柱式结构相融合。这个时期,设计师们还把在科学上取得的成就运用在建筑实践中,如力学、绘画、施工机具等。人文主义思想影响下的典型代表威尼斯的圣马可广场,如图 2-35 所示。

图 2-35 意大利的圣马可广场

2.文艺复兴时期的器具设计

这个时期的家具式样沿袭了中世纪的技艺与结构,但是却呈现出更大的设计自由度,如广泛地把曲线应用到器具中。家具的起伏变化层次也变得更为明显,总体上表现出一种令人亲近的感情。这个时期的家具在设计和配置等各个方面,都呈现出基本的对称形态。椅子的样式从中世纪时期的哥特式箱形设计转变成了罗马时期的样式,椅子的蒙皮也使用有鲜艳色彩的皮革,如图2-36所示。

图 2-36　文艺复兴时期的手扶椅

(二)浪漫主义时期的设计

到了17世纪,欧洲的文艺复兴运动逐渐地衰落,其设计由此走进一个新的时期——浪漫时期。浪漫时期主要有两种设计风格:巴洛克式与洛可可式。

1.巴洛克时期的建筑设计

巴洛克时期的建筑设计常常采用断裂山花或套叠山花的方法,认为得让一些建筑在局部上呈现不完整的样式;在构图方面,节奏也呈现一种不规则的跳跃,这个时期的建筑多用双柱,甚至用三根柱子作为一组,建筑的开间变化较大,巴洛克还很爱用大量的壁画与雕刻来装饰,呈现建筑的璀璨缤纷,富丽堂皇。这个时期的建筑设计的典型代表为德国的佛拉文教堂、圣苏姗娜大教堂,如图2-37所示。

图 2-37 圣苏姗娜大教堂

2.巴洛克时期的家具设计

在法国路易十四统治时期,巴洛克风格的家具最为出名,一跃而成为欧洲领先的地位。巴洛克风格比较常见的装饰图案为珍珠壳、美人鱼、海神、花环、涡卷纹,在对家具的表面进行装饰时,除了要有比较精致的雕刻之外,还用金箔来贴面、描金填彩等。在法国,有时候还会让人体雕像做桌类家具的支撑腿。后来,巴洛克家具的设计上出现了宏大的涡形装饰设计,于运动中表现热情奔放,如图2-38 所示。

图 2-38 巴洛克时期的家具设计

3.洛可可设计风格

洛可可风格是指法国国王路易十五在任时期的室内装饰风格,这是一种拥有优美弧形线条构成的粉饰文化,也叫路易十五式风格。洛可可风格其实还和中国的设计风格有着很大的关系,它是中国的清式设计风格对其严重浸染形成的结果,因此在法国,洛可可风格也叫作中国装饰。洛可可风格追求轻盈纤细的秀雅美,在构图方面人为地强调设计上的不对称性。装饰的题材选取倾向自然主义。

洛可可风格的设计在装饰纹样中常常会使用大量的花环与花束、弓箭与箭壶等图案。色彩上比较明快,多白色与金色相组合。比如,使用洛可可风格设计的教堂内部,就是采用了纤细卷曲的贝壳花纹来装饰设计的,如图 2-39 所示。

图 2-39   洛可可风格的教堂内景

四、工业革命时期的设计

(一)现代设计的萌芽

19 世纪中叶,欧洲开始进行工业革命,这是一个从手工艺时代过渡到现代工业的转变期,它的发展体现出技术与经济因素对设计发展具有巨大的推动与制约作用。18世纪,英国的工业革命改变了社会的生产力,从而引发了一系列连锁反应,社会政治、经济、文化等各方面也迅速改变,设计技术迈入新的时代。

这个时期,由于工业革命带来的巨大的社会变革使商品经济市场变得更为广泛,人们逐渐适应这种新的生活消费方式。商品经济把社会中的一切都变成了商品,这也就促使设计作为一个新的行业出现了,设计所起到的作用也更为明确、广泛。

这个时期的艺术体现的反传统精神也在设计上反映出来,人们力求用一种比较平易近人的态度去看待生活以及生活用品,开始鄙视洛可可等艺术风格中的繁缛、矫饰,由此可见,这个时期的人们认为商品的功能要比艺术更加重要。

(二)工艺美术运动

工艺美术运动对设计的改革十分重要,它最先提出了"美与艺术结合"的原则。强调美术家从事设计,反对"纯艺术"。工艺美术运动的代表人物是威廉·莫里斯,他公然反对机器制造。

受莫里斯理论和实践的深刻影响,很多年轻艺术家与建筑师开始效仿,对设计进行革新,从而于1880—1910年间达到了设计革命的高潮,这就是"工艺美术运动"。工艺美术运动的产生有两方面的原因。一是源于对维多利亚烦琐风格的厌倦;二是对机器生产粗制滥造的产品产生极度的反感,他们在这里主要是力图为产品及生产者建立或恢复原有的标准。

工艺美术运动并不是完全地反对大机器生产,它对机器的态度表现得十分暧昧,"手工艺"一词在这个时期越来越多地和以手工艺方式为基础的美学相联系,即产品设计要反映出手工艺的特点。而在设计行会中,人们大多赞成机器是一种不可避免的时代产物。但机器加工和手工艺制作的形态二者之间所存在的矛盾是无法突破的。

作为工艺美术运动的领袖,莫里斯有下列主张:

（1）着重强调手工艺，反对机械化生产；

（2）在装饰上，反对维多利亚风格及其他古典的复兴风格；

（3）提倡哥特风格，追求简单、朴实与良好的功能；

（4）主张设计上的诚实，尊重自然材料，反对哗众取宠，华而不实；

（5）装饰上推崇自然主义、东方装饰和艺术。

（三）新艺术运动

新艺术运动产生于 19 世纪末 20 世纪初，在欧洲与美国的影响面十分广泛，是一次内容比较广泛的设计运动。新艺术运动主张艺术应该立足于现实，抛弃旧有的风格及其元素，以便能够创造出一种具有青春活力与现代感的新风格。同时，新艺术运动还提出了要寻找自然造物的最深刻的根源，去发掘对植物、动物与发展期决定的内在过程。新艺术具有十分典型的纹样，而这些纹样正好也是从自然界中的草木抽象而来的，其形态与蜿蜒的线条，充满了艺术活力。

新艺术运动具有多种风格。在欧洲不同的国家中有着不同的特点，其名称也有所不同。从新艺术运动的风格特点来看，法国、比利时、西班牙的新艺术作品倾向于艺术型，强调设计的形式美感，而在北欧的德国、奥地利以及斯堪的纳维亚等国中，则主要倾向于设计型，强调的是理性的结构与功能美。

（四）装饰艺术运动

装饰艺术运动发生于 20 世纪 20 到 30 年代的法国、美国等国。这次运动主要是对以往矫饰的新艺术运动进行的一次反叛，其具有反古典主义的、自然的、单纯的手工艺的趋向，他们主张机械化的美，并提倡在设计时采用手工艺与工业化双重标准。这场运动和现代主义运动几乎同时发生，也几乎同时结束，所以在各方面都深深地受到现代主义的广泛影响。

艺术装饰运动有其独特的风格，表现为富丽与新奇的现代感,实际上,它不是单一的艺术设计风格,而是包括有装饰艺术设计中的各领域,如家具、珠宝、绘画等,并对工业设计产生比较广泛的影响。

20 世纪 30 年代早期,艺术装饰风格形成了十分大众化的趣味。在法国,巴黎是上流社会人才的聚居地。得益于上流社会人士的大力赞助,设计师们可以采用价格昂贵、市场稀罕的材料去设计具有异国风格的艺术作品,以此来满足当时的富贵阶层猎奇心理的需求。该运动的代表作品美国纽约帝国大厦,如图 2-40 所示。

图 2-40 美国纽约帝国大厦

五、现代设计

(一)芝加哥学派

1871 年,美国芝加哥城遭到一场大火的焚烧,但这场大火却为新建筑材料与新技术的使用提供了一个大显身手的机会。

各地的建筑师们都云集在芝加哥,但是为了充分节省土地,芝加哥市政府对所征用的土地进行了严格而又苛刻的规定,这就迫使建筑师们在设计过程中增高了楼层,向上扩展建筑空间,由此,现代化的高层建筑在芝加哥逐渐地出现了。在大量地采用钢铁等新型建筑材料和高层框架等多项新技术来设计建造摩天楼的过程中,建筑师们逐渐地形成了一种趋向于简洁而又具有独创风格的流派,即芝加哥学派。

该学派突出了建筑的功能在设计过程中的主导位置,并且明确了功能和形式之间的主从关系,希望能够摆脱折中主义所带来的羁绊。尽管这个学派有不同的建筑师,但是他们都有一个注重建筑内部功能的特点,强调结构的逻辑性,使得建筑的立面十分简洁、明确,在设计建造过程中大量采用整齐排列的玻璃窗,从而进一步突破了传统建筑带来的沉闷感。

第一代芝加哥学派的代表人物是沙利文。之后还产生了第二代代表,即弗兰克·赖特。他们对现代建筑艺术设计的发展都起到重要的推动作用。

(二)现代主义运动

现代主义运动,严格来说是从建筑领域开始的。19 世纪 70 年代,芝加哥学派的逐渐兴起是该运动的先声。到了 20 世纪初,因为钢筋混凝土浇筑技术得到大力推广,所以在建筑行业发生了根本性的转变,这一时期的人力很大程度上也被机械所代替,建筑设计成本在下降。简洁的方块结构在逐渐替代原来繁缛的装饰,这就较大程度地改变了城市的面貌。在这场运动中,产生了一大批比较有影响力的设计师与理论家如弗兰克·赖特,德国的沃尔特·格罗庇乌斯、米斯·凡·德罗,瑞士的勒·柯布西埃等,他们被誉为现代建筑支柱的国际设计大师。在设计上他们各具特色,在风格与观念上也大为不同。

(三)包豪斯

对现代设计的发展作论述,包豪斯是一个不得不提的对象。1919 年 4 月 1 日,德国创立了包豪斯国立建筑学校,简称包豪斯,学校的地址在魏玛,这是全世界首所新型现代设计教育机构,"包豪斯"一词是学校的首任校长格罗庇乌斯所创的,如图 2-41 所示。从创校开始的之后 14 年里,包豪斯培养了大量的设计人才,也培育出了一个时代的现代设计风格,被视为"现代设计的摇篮"。

图 2-41 包豪斯首任校长格罗庇乌斯

包豪斯设计学校的对现代的工业设计有十分巨大的贡献,尤其是它的设计教育体系与教学方式,现在已经成了世界很多的艺术、设计院校参照的范例,那些被培养出的众多的优秀设计师将现代设计运动推到了一个新高度。虽然包豪斯设计学校仅仅存在了 14 年,但是它却对现代设计教育产生了不可磨灭的影响。

第三节　未来设计

一、未来设计面临的困惑

新的产业革命将世界推到一个崭新却又相对复杂的设计时代,在未来世界,无疑会有比过去的成就所取得的更大成就。但是,也应该看到,当今的世界同时是一个充满了比过去更多矛盾与危机的时代:人口呈现几何级数的增长,伴随而来的就是一系列需要解决的人口问题,诸如粮食缺乏,自然资源逐渐减少,能源危机日益加剧,自然环境与生态平衡的关系遭到严重的破坏,环境污染也日趋严重,各种在过去没有听说过的疾病大量出现,自然界异常造成的重大自然灾难……所有这些现象,时时刻刻都在威胁着人类社会。这些问题的出现,并不仅仅是政治家们(政策设计师们)所要考虑的问题,也是整个人类社会都要面对的问题。

上述所有的困惑,不仅仅是几个发达的国家或设计团体通过搞一些展览,开几次大型的国际会议,设计出一系列新的产品就能够解决的。因此,可以说我们面临的是一个极其复杂、极为严酷的未来。

尽管各国的人民都希望有一个越来越美好的生活环境,而且世界各国确实都在为此而努力发展,在经济上取得了一定的成效,但是我们所面临的很多矛盾与危机也给整个世界埋下了一种极为不安定的因素。由此可知,未来的世界决不会像理想中那么美好,也不会是一派世外桃源般的怡人景色,但是却可以是一幅明亮的灰色的而又朦胧的画面。所以,我们与其过分地乐观,还不如现在就增强自身的危机感,以便我们能够审慎而又有效地去处理各种已经出现的问题,不因为眼前的利益或局部的利益去损害整个世界或全人类的长远利益。

对于一个设计家来说,不应是悲观主义者或虚无主义者,而应是勇于向当前所面临的危机进行挑战,直面危机并献身于全人类伟大事业的创造者。

二、未来设计的主要任务

(一)重新审视设计

如果要弄清楚未来设计的主要任务,首先要重新认识设计,全方位地扩大设计的观念,充分认识设计在未来世界中所处的一个重要的地位。随着人类社会的不断发展进步,设计所囊括的领域也在不断地拓宽,设计的概念也随之外延。

设计与其他的学科一样,都应该超越不同的社会制度、不同的国家、不同的民族、不同的信仰与文化等。要清楚地知道设计并不是少数发达国家所特有的产物。

设计所遵循的宗旨是为了人们能够获得更加舒适、更为方便的生活,为了能够充实与创造美好的生活。所以,设计是一个企业能够兴旺的重要战略武器之一。当前的许多企业都提出了创造更为优美的环境,但是仍然还有许多比较核心的问题是没有办法解决的,所以,有必要将各个领域中的设计理念扩大到宏观的规划与决策层面上来。

从广义上来看,社会中的政治家、各级的领导人等各行各业的主要负责人与总体决策的人都算得上是设计师。从世界各个国家的发展历史来看,在那些设计事业相对发达的地区,大都受到领导人的极大关注与支持。英国的前首相撒切尔夫人曾获得过工业设计的荣誉奖项。她不是设计了具体的产品,而是某些决策促使英国的设计事业得到了振兴,相对于设计具体的产品,这些决策要更有意义,也更为重要。

综上所述,随着当前社会上设计概念的不断扩充,必定会有更多人去关注并参加设计行业,这都会在一定程度上让设计事业迈入新时代,促使设计事业发展到新高度。

(二)未来设计任务的核心

在第三次产业革命后,世界开始由工业社会逐渐向知识经济时代与感性时代过渡,从之前追求物质生产向逐渐追求精神需求方面过渡,从原来不断追求硬件向逐渐追求软件方面过渡。在未来,人类应以一种新的观念去创造更为文明的社会,创造出新的社会文化等,而这所有的任务的核心首要的设计就是对人类本身进行设计。

"设计"人类自身的核心主要是为提高全人类的文明素质。由设计的宗旨我们可以知道,对人类自身的设计不能只靠教育工作者,而应是全球每个人的职责。这比对产品进行设计更加困难,但是也更为重要。特别是对于第三世界的国家,从一定程度上看,如果要摆脱贫穷,首先要做的是摆脱愚昧。从全球来看,现在社会上的随大流、赶流行依然是当前主要的形势,而如果要成为一个未来的设计师,那么对创造性的思考、逆反的思考就显得尤为重要了。

人类自身设计的主要点包括:对人口增长实行有效控制,全面提高人类文明素质,增强全人类之间的友谊与团结协作,增强全民危机意识,勾画全人类新文明、权利等,完善自我人格、构造家庭生活等多种设计。

在未来设计中,对人的设计是一项最为重要、最为复杂且最为困难的长期性课题,所以未来设计师们要努力作出巨大贡献才会成功。

(三)必须彻底改革设计教育

纵观人类近百年的设计史,可以发现设计已从物质功利向精神文明追求转变了,从有形到无形,从完整产品到零件……设计的发展在时刻变化着。但是设计教育却是一个原地徘徊的状态,和时代的发展形成了十分鲜明的反差。所以,要打破专业分割,模糊学科的界限,强化知识结构的相互渗透;采取一切方式方法;逐步建立起一个崭新的国际设计教育体系。

纵观当今世界,对教育的设计还远远没有达到比较理想的程度,并且还没有起到先行者的有效作用,在不远的未来我们可以预见,世界范围内必定会发生新的教育设计革命。

(四)创造新的人—自然—社会

工业革命的发展加速了全球性的各种危机存在。人类由于爆炸式发展,也经常遭受自然的无情惩罚或经济危机,这些破坏性的威胁促使人类站在全人类的高度来对现代的环境进行思考。

当前,世界上的许多国家和地区都在大力推行改革,人口、粮食、能源、污染、科技等多个方面势必会发生较大的变化。这一切改革的努力,必然会对我们所生活的环境有所改变。设计的进步必须和人类社会的进步相一致。各国的设计师要考虑到自己的国家、民族以及个人等方面的利益,现在这个时期,要比过去的任意一个时期都更强调对环境的热爱,努力设计并创造出人类生活发展的新社会环境。

由此可见,未来的设计师们除不但要构筑本国良好的人—自然—社会的环境,还要努力为改善全人类的生存环境作贡献。一个不朽的设计家和伟大的科学家、音乐家一样,不只是属于某一个国家,还是属于全人类的,他的业绩更是全人类宝贵的财富。

三、未来设计的发展趋势

(一)设计和商品竞争的新特点

当今世界是一个知识经济时代,其主要的特点表现为下面几点:

(1)由原来大工业产品时期"多、大、快"的高耗能、高消耗的文明向少批量、电子化、信息化、安全、节能的"轻薄短小"设计转变。

（2）由原来的造物工业社会转向知识信息社会。以手表为例，现在的手表在准确度上已经很高，技术方面已没有太大的差别，而设计却占了80%，性能为10%，厂家的信誉为5%，价格为5%。可见，世界正由物质消费向精神消费转变，人们的价值观也开始向精神方面转变。

（3）人类从家电时代转向个人电器化时代，电器表现的个性化方向日益明显。随着科技的不断发展，产品由"用"转变成了"用＋美"的方式。随着全球一体化的发展，商品不但有"用＋美"，还开始向文化内容转变。在当前的知识经济时代背景下，又向个性化发展。如手机、电脑等产品的个性化发展趋势十分明显。

（4）当前背景下的高新技术民用化、实用化已经成为大的趋势，产品的科技含量越来越高，如记忆芯片，核磁共振，数码产品等。除此之外，电子计算机得以在设计领域广泛运用。

（5）随着全球化发展而来的是国际之间的竞争日益加剧，各国间具有地域特色的传统产业和产品也开始日益受到关注。如当前各个国家的旅游产业发展迅速，已经成为当今世界的最大产业之一。

（二）设计的观念、领域、组织在变化

（1）设计的观念由原来的狭义向广义的大概念转变，即转变成了综合的系统的设计方向，由原来的形态、色彩、装饰到20世纪90年代时期的产品专利战略发展，转变为了现代的设计经营战略。伴随设计观念的改变，设计产业也发生了巨大变化，其在组织、结构、业务领域等方面的变化更是历史性的。

（2）设计业务领域持续变大。长时间来看，原来的设计就是对物进行设计，即对物的造型、色彩与装饰等方面着手，而当前或未来的设计则是对服务软件的设计。物的造型、色彩、装饰已不占据设计的主体地位，设计的服务、环境等逐渐地凸显出重要性，

如图 2-42 所示。同时,设计过程中还要充分考虑到物的情感、人性化、个性化等多种主观性的因素。

设计的各领域之间的关系也发生了巨大变化,从以往的各自为政,界限分明,变化为现在的界限模糊,领域内也没有比较明显的界限,如图 2-43 所示。新兴的交叉学科在大量地涌现。

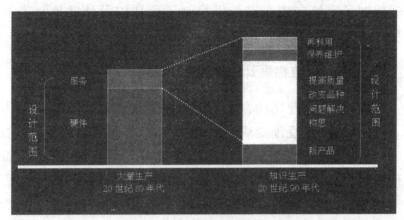

图 2-42　设计的业务在逐步扩大

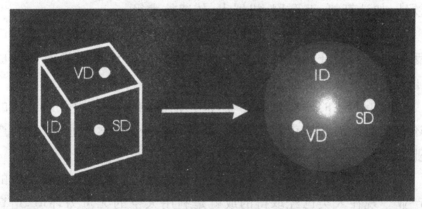

图 2-43　设计领域的关系发生重大变化

(3)未来设计对设计科学和生活文化方面的研究也日益受到重视。长期以来,设计工作者们主要在美化产品忽视了对产品进行科学的研究。所以未来设计在这个方面的投入会更大。历史经验证明,只有生活才是创造的源泉,如果不深入地对生活方式和生活文化进行研究,就不会有好的设计创造。

(4)设计组织的构造方面发生了巨大的变化。设计组织的内部由原来的各事业部门各自为政,转向了现在的综合性质的发展。设计师也由原来的脑体分离(即设计师只搞方案,不参与商品全过程)发展到现在的脑体结合。

(5)由过去的技术优先向现在的设计优先转向。随着当前社会科技的不断进步,世界也正经历着过去谁如果控制了产品的质量就控制了市场向现在谁如果控制了产品的设计就控制了市场转变。

(三)新产业结构设计快速发展

当前,世界产业结构在发生历史性的改变,20 世纪 80 年代开始,一些新的产业逐渐变成了战略性产业,受到各国的普遍重视。

(1)生物技术。当前各国在生物技术上都有很大投入,如德国研究新型的土豆和西红柿同在一个植株生长的植物,芬兰研究医用奶牛。

(2)电了信息通信。这是种面向未来的战略技术,包括很多领域,如计算机、互联网、机器人、传感技术等。

(3)环保产业。大工业时代造成的污染已引起世界范围的广泛关注。人类开始考虑后代人的利益,所以,环保也逐渐发展成了一个世界性的产业。

除了上述的一些企业之外,世界范围内受到各国普遍关注的还有交通运输和城市建筑产业;新能源产业;医学产业;新材料产业,等等。

当前,最为火热的当属地球、宇宙产业,这是一个充满希望的产业。现在人类已经取得的成就是利用太空的无重力环境,培育新的蔬菜种子、药品等,如图 2-44 所示,或开展一些程序相对简单的实验,当然,未来人类还可以在太空开发建设新的宇宙城市。

图 2-44　用太空育种种植的南瓜

　　除此之外，一些传统的设计也在发展，如生态绿色产品的开发设计、环境景观设计等传统设计已经成了相对热门的课题和领域。

　　设计在未来将会成为世界范围内的共同语言，面对未来的各种机遇和挑战，现代的设计必然会体现出当代先进的科技，代表当代最优秀的民族文化。同时，我们也希望能够与各国之间的设计界进行交流合作。

第三章 | 设计的影响因素

对于设计来说,在发展过程中有很多因素会对其造成一定的影响,这就需要设计师能够准确地把握,其中对设计影响比较大的因素包括:设计的要素及思想,设计的思维和心理,设计的风格和审美,设计的符号和方法等,本章就重点来论述设计的各种影响因素。

第一节　设计要素与思想

一、设计要素

设计是一种以实用为目的的活动,它具有十分明显的民族性、地域性、时代性以及社会性。设计造型主要由图形、文字与色彩等为创作的元素,塑造出一种比较有力的设计形象。简单来说,就是它对形、色和空间感与质感方面的领悟和运用。

从设计的形态方面来看,设计的造型基本要素主要有平面造型要素与立体造型要素。

(一)平面设计的基本要素

在平面设计中,其最基本的要素是形态要素,除此之外,比较重要的因素还有色彩,包括色与光、色彩体系、色彩心理等;肌理效果与骨格结构也是平面造型的重要因素。

1.形态要素

造型元素里的形态要素是整体造型的一个重要部分,不但能够对整体造型的效果产生影响,在很大程度上还会成为设计物的外观装饰方面的重要部分。

形态分为具象与抽象两个形式,过去的具象造型设计常用的办法主要是以植物、动物等自然的形态作为视觉的原型,而现在,具象形态已不单单是对原型的再现,而是对一种事物的自然形态的其他的理解与探寻自然物中所存在的规律性。设计中的自然形态是一种美的源泉,是设计艺术造型的基础。立体造型是一个产品设计能够完成的最终的构成因素,拥有很强的表现力。

设计中的形态要素实际上是对设计过程中出现的各种造型元素进行的组合与分离。组合是构成设计造型元素的十分重要的方法,是指将各种一样的图形按照一定的规律进行排列,或是将不相同的图形进行重新的拼合,形成一种新的形象。根据哲学观点分析,部分和部分之间的相加和或许会等于整体的功能,但是也可能会大于或小于整体的功能,由此可知,各种图形在组合了以后得到的新图形也有很大的不确定性,或者比之前的更美了,或者还不如原来的图形。图形能够进行组合,如图和图间进行连接、剪切等,或者可能是节奏方面的组合,由此可见,不同图形之间的组合形式其实有很多,和线条一起共同构成了富含韵律感的新形象。除此之外,还有很多种组合的方法。

造型元素的分离,这里指的是形态要素主要是取材于物体中的细节,这是因为,物体的具体形态所体现出来的是一个整体的统一风格,是整体的概念,而如果想用十分简单的局部的细节去表现一个整体,则具有很大的难度,而且还要选取最典型的局部来表示整体。需要注意的是,对物体局部所选的细节一定是那部分最能代表整体特征的地方,并且在对这部分细节进行加工制作的过程中准确把握形态、突出特点,力求作为整体的一个部分也能表现出来个体,如图3-1所示。

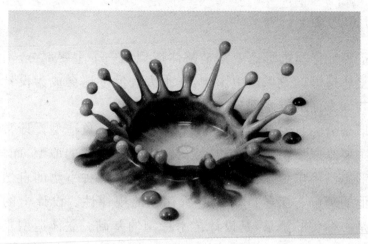

图 3-1　部分表示整体的色彩设计

2.色彩要素

物体呈现给人的各种形状、空间的大小、所在的位置等信息，都是通过外界的视觉形象以及色彩、明暗的对比关系反映出来的，人们只有依靠色彩才可以认识世界，进而改造世界。我们知道，人对色彩具有天生的敏感性，色彩就是平面造型中一个最直接、最鲜明的影响因素，是和图形有直接区别的重要的视觉因素，可见，在设计中，色彩占有相当重要的地位。在设计过程中，对色彩的成功设计不仅能够提升设计的整体水平，还能够让人体会到美的感受。

色彩不同对人的生理与心理影响也会不同，从而让人产生的感觉与情感也会不同。即便是相同的色彩赋予了不同的物体，或者是不同的色彩赋予了相同的物体，很多时候也会有完全迥异的效果。色彩通过不同的色相、纯度、亮度等形成各种不同的色彩性质，同时也通过不同的色彩中的不同的面积比较，以及其中的呼应等关系，产生完全不同的色彩对比、调和。如果色彩反映出来的事物情趣能够和人们的生活联想之间产生共鸣，那么这个时候人们就能够感受出色彩的和谐，并感受出色彩的装饰功能，如

图 3-2 所示。

图 3-2　泰姬陵前面的多种色彩对比

3.骨格要素

　　"骨格"也是平面设计造型中的一个十分重要的元素,它是各图形元素之间进行的一种有序排列。图形根据骨格的不同,通过对它们进行不同的编排、组合等加工构成完全不同的表现形态,由此展现出一个崭新的关系与秩序感。按形式划分,骨格可以分成两部分,即规律性骨格与随机性骨格。

　　所谓规律性骨格,主要是根据规范的函数关系或者几何形态关系来加以构成的,如垂直线、抛物线等,或者是用骨格来构成一种渐变、发射等各种关系,从而就可以进一步引导形成带有一定规律性的骨格。而随机性骨格则是在规律性骨格的基础上进一步形成的,带有较大随意、自由的骨格。

　　根据骨格对造型所起的作用来看,可将骨格分为两种:非作用性骨格与作用性骨格。所谓非作用性骨格,主要是对图形起到一定的定位作用,每一个小的空间中的图形间并不是很明确,没有形成一定的冲突,相互之间也没很大的影响。而作用性骨格则和非作用性骨格相反,它不但能够准确定位空间中的图形,而且骨格线也会对图形造成一定影响。

骨格之所以能够形成，主要是依赖图形和骨格线之间的搭配，其中，骨格线对图形的影响比较重大，也可作为组成图形所构成的一种主要元素存在。

4.肌理要素

所谓设计的肌理，是指借助视觉或触觉等能够感受到的设计物的表面，呈现出来的肌理或粗糙或细腻，或凹或凸等效果或构造特征。作为设计造型元素之一，随着社会的发展，可用于肌理的材料越来越多。需要注意的是，就设计而言，不管何种肌理，都要和设计物本身或周围的环境相配，且要能够满足现代人们的生活需求与时尚潮流，满足消费者的生活观念与心理感受。

对于现代设计而言，一个增加设计的多样性的重要方法是设计出更多的肌理，反过来讲，肌理呈现出的多样化也促使设计变得更人性化，不同时间、不同地点使用的肌理效果，就会使人产生大不一样的感觉。设计中使用的肌理效果有很多种方法，但是通常使用的有两种：一种是模仿自然材料的表面特征，如图 3-3 所示；另一种是按照所用的材料与加工工艺，对肌理效果进行重新制作与加工，即制作新肌理效果。

图 3-3　客厅电视墙肌理设计

　　肌理能够对平面与立体的材质以及装饰效果产生不同的影响。无论平面或立体,肌理设计均为最基本的设计要素,所有的别的造型要素都要在肌理的基础上才能进行。肌理有很多种类,如细腻、粗糙,软、硬等,概括起来分为两大类,即视觉肌理与触觉肌理。

　　视觉肌理只需用人眼就能看到其形态,这种质感常用来设计成特殊的艺术效果展示出来,如图 3-4 所示。

图 3-4　传统文化—扎染肌理设计

　　触觉肌理通常需要用手亲自触摸才可以感受到其艺术效果,这是一种视觉和触觉相互搭配而共同形成艺术效果的,更是触觉在视觉的基础上进行的深化与补充。这种肌理设计常常是凸凹十分分明,即便是平面作品也往往带有立体感,如公园中的仿制树桩,如图 3-5 所示。不但能够通过树桩的形象去感受,还要用手亲自摸一下感受其材质。需要提醒的是,一定不能让视觉肌理和原有的触觉肌理之间有抵触。

图 3-5　石质树桩的肌理设计

(二)立体设计的基本要素

立体造型设计主要针对的是各种视觉要素,它主要包括形态要素、色彩要素、肌理要素、材质要素以及空间要素等,这些要素根据一定的排列规律或是非规律的艺术原则构成一种三维空间。与平面图形不同的是,人们不再仅靠视觉的感受,更多的是从各角度去立体感知造型的不同面。立体造型更多地依赖设计师们选用的材质与肌理效果,将科学和艺术相结合,最终呈现出立体造型。

立体造型所具备的最基本美感是它可以直接表现出物体的体量感,而体量感在较大程度上也要依靠造型外观来获得。立体造型所呈现出来的体量感可以直接形成空间感、动感以及肌理表情。同时,人们还利用不同的体量感形态采用相同或不同的排列,再借助不同视觉色彩或渐变色彩,最终形成一种深入或凸出的视觉感受,给人一种向外扩张或向内收缩的空间感,依靠形体或色彩的变化,用静态的形体来塑造出一种动态的艺术效果,如图 3-6 所示。

图 3-6　立体空间效果

1.形态要素

构成立体造型最基本的元素是形态要素,但是,各种形态也是能够分解开的,即能够分成点、线、面、色彩等。常常是一个相对独立的艺术形态由很多相互之间有关联的形态要素共同作用形成的。只有这么多的构成元素,才可以最终形成如此丰富的立体形态。

空间的构成主要是由点到线,由线到面,由面的移动、旋转或排列才会形成体或空间,而这些规律也适用于立体造型。设计中的空间并不是一个无限的事物,这是因为它通常是在有限的画面中表现或确定它所在的空间,立体空间的运用是立体造型所能表现出来的一种重要的因素。可见,立体造型和立体空间二者是相互依存的。

立体造型的主要诉求点是为了满足物体的功能以及大众的心理愉悦感。比如,设计时要十分重视人机工程学对造型所起到的指导作用,十分恰当的形态,合理安排的各个部件,使其不但满足了操作功能的要求,同时也能成为一个不可或缺的装饰内容,如图 3-7 所示。

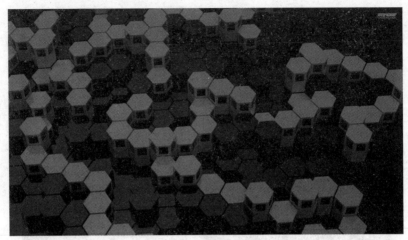

图 3-7　人机工程作用下的立体空间设计

2.色彩要素

对于立体造型的色彩设计,不能够脱离对光线的合理使用。虽然它需要严格遵循色相、明度、纯度等色彩的特定规律,但是寻求一种相对合理的空间关系依然是实施立体造型的关键。在立体造型中合理使用色彩因素,就需要基于光和色之间的关系来进行。如红色的汽车能够呈现出红色,是因为它不但可以反射红光,还会吸收绿光和蓝光。同理,呈现出白色的物体们通常反射了大多数或所有的可见光;根据这个原理来看,那些呈黑色的物体通常吸收了多数可见光,同时它们基本上不会反光。由上述所说的原理能够知道,光线和色彩之间存在着极其微妙的内在关系。

色彩是立体造型的重要构成因素,它和形态以及物体的材质之间相互依存,并在此基础上创造出视觉质感以及塑造出空间,如图 3-8 所示。光线对立体造型的色彩再现有着极为重要的作用。光线从正面直射和侧面照射其色彩有很大差别,而使用逆光照明,物体的色彩看上去就会显得相对柔和些,甚至消失。通过上述的现象可知,在立体造型中,设计者不但要对色彩的构成原理进行了解,还要充分掌握照射到对象表面的光线特点。

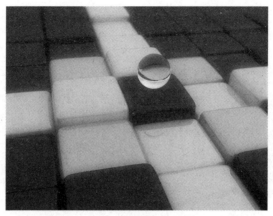

图 3-8　多种色彩呈现出立体感设计

3.材质要素

立体造型并不是一个虚幻的存在,它一旦离开材料的支持只是纸上谈兵,材料按照来源划分,主要有自然材料与人工材料两种,如果按照材料的形态划分则为块材、线材与板材。在设计立体造型时,采用的材料不同,其表现出来的立体结构也会让人产生不同的心理感觉。如采用了石膏、泡沫等块状材料的设计则给人一种量感与稳定的心理感受;而对于采用金属线、木棒等线材的设计则给人一种轻快、活泼的感觉,由它所构成的空间比较自由、可塑性也比较强。可见,如果想表现出物体的立体造型,就需要根据所要表达的情感内容去选择正确的材料加以设计,材料的质感不同,传达出来的视觉信息也会不同。

对于立体造型来说,材质的不同不但会对视觉产生很大的影响,且对材料和生产的条件也提出不同的要求,如图 3-9 所示。所以,要想让立体造型可以有目的地表现出设计的主题,就应该充分把握材料与其他造型设计的元素特性。立体设计要比平面设计多出一维表现的空间,这在很大程度上丰富了设计的表现形式,把各造型要素建立在不同的材质等其他物质的基础上,以此来产生比较独特的空间艺术魅力。

图 3-9   不同材质要素的设计

4.肌理要素

对于立体造型来说,肌理最基本的是材料本身所具有的相关纹路以及新创造的表面特征,依靠材料的表面所呈现出来的凸凹或相关的色彩、条纹等方面的变化给人一种不同的视觉与触觉感受,从而深刻表现出不同形体的质感。立体造型中的肌理有其主要的作用,即对立体形态的表面进行装饰与丰富,让造型更加具备艺术性,从而产生出更加多彩的视觉艺术效果,如图 3-10 所示。

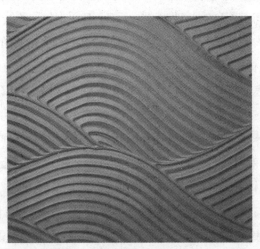

图 3-10   表面光滑的立体墙面肌理

二、设计思想

(一)中国的设计思想

根据中国的设计典籍来看,中国在建筑、艺术等多个方面都有研究,作者们在各自的作品中,或论述品类的功能、造型、材料等,或阐述自己对设计的独特见解。综合来看,我们将中国古代的重要设计典籍中所包含的深邃的设计思想归纳为下列五条。

1.以人为中心与实用为本

这种设计思想是中国古代设计思想体系里的重要组成部分。其实,早在春秋战国时期这种思想就已经在设计典籍《考工记》中得到充分的体现。而对于这个思想最好的证据就是人们对车器的设计,《考工记》中所坚持的一个统一的准则,即"察车自轮始""轮已崇,则人不能登也;轮已庳,则于马终古登阤也"。由此可见,检验一辆车轮的重要标准之一,就是要看人在登车的时候是否方便自如。由此可见,当时已经体现出以人为本的思想,如图3-11 所示。

图 3-11　古代车马设计

2.功能性与装饰性对立统一

在中国的古代时期,曾经长时间存在持续不断的文与质之间的论争,这些争论如果反映在设计上,恰好是功能性和装饰性之间的论争。中国古代的思想家、哲学家、美学家,都为此发表了十分精辟的著作,对中国的传统设计发展产生了重要的影响。

早在先秦时期,诸子百家们就对文和质之间的关系进行了相当激烈的讨论。其中,以孔子"文质彬彬"与墨子"先质而后文"的观点最为典型。先秦之后的数百年间这一争论还在不断地发酵,并一直持续到两汉时期。两汉时期关于文和质之间的关系讨论依旧很激烈。这种争论在《淮南子》《太玄经》等比较著名的著作里都有相当突出的反映。

3.为社会功能服务的观念

如前文所述,先秦时期的各种设计思想,在著作《考工记》中就有了比较充分的体现。而《考工记》中也同样突出反映出了手工业产品设计是严格遵循了设计服务于社会功能的原则。以车轮为例,其设计的尺度大小,规定了战车的直径是六尺六寸,田车的直径是六尺三寸。还对弓的设计进行了规范,规定了天子、诸侯、士等人的弓在尺度、规范等性质的大小。

在阶级社会中,艺术设计要能够充分体现出统治阶级的思想意识,所以设计必然是一种为社会功能服务的思想。这也在很大程度上启示我们,对于中国古代的传统的艺术设计,只是在实用功能与艺术表现两个层面上来进行研究是不够的,还要深入当时的政治、礼仪、文化等深层中进行探讨,这样才会真正地找出文化发展、演变的历史规律与原因。

4."制器尚象"与"比德""载道"思想

在传统的中国设计思想中,具有十分突出地位的思想是"制器尚象""比德""载道"思想。在此种思想指导下,设计也被赋予了很大的象征性、道德性等文化内涵,让中国的很多设计作品,演变为"道""德"的重要载体与化的形式。

拿"制器尚象"的设计思想来说,商周时期的青铜器在设计方

面已经有了体现,商周的青铜祭器、礼器等,几乎都有这种内涵与
寓意。在器具的造型方面,各种形象表现得十分逼真,有的也呈
现出怪异的象生;在纹饰方面,器具中的各种富有神秘色彩的饕
餮纹、夔龙纹等,或抽象化、条理化的窃曲纹、重环纹等,都包含了
一定意义的象征意义以及礼治蕴含,如图 3-12 所示。

图 3-12　商周时期的青铜器纹饰设计

5.“巧法造化”与“材美工巧”思想

在先秦时期,中国就已经形成了“巧法造化”的设计思想。在
《老子》《庄子》《易传》等先秦的典籍中,都已对“师法自然”的造物
观念进行了阐述。老子以“自然无为”为其哲学思想核心;庄子在
继承“自然无为”的思想之后,又在此基础上有了新发展。

在中国的传统造物设计中,特别是春秋战国时期、汉、唐、宋、
明等各种手工业产品的设计,都特别注重装饰设计。明朝时期的
明式家具等也十分注重天工和人工之间的完美结合,是“巧法造
化”的经典之作,如图 3-13 所示。

和“巧法造化”有着紧密联系的是“材美工巧”。二者之间又
各有侧重,共同构成了中国传统艺术设计思想的重要系统。

图 3-13　宋代龙泉窑的青瓷瓶

(二)西方的设计思想

在西方,设计思想由传统到现代经历了一个发展过程,这一过程中也产生了很多著作,从著作中总结出来的思想,分为如下五条。

1.美在功用的传统思想

在西方,传统的设计发展有一个过程,在这个发展过程中,人们主张的美在功用设计思想的主要代表人物有古希腊苏格拉底、柏拉图等,古罗马时的西塞罗、维特鲁威等。

相对于之前的几个代表人物来说,维特鲁威进一步提出建筑所具备的基本原则:坚固、适用、美观的原则。因此可以说,维特鲁威将西方的传统设计在美的功用设计思想进一步发挥到一个新层面。

在西方的设计从传统的时期迈入现代时期之后,伴随着现代主义与后现代主义在设计方面的快速发展,有很多设计大师也陆续出版与发表了一些设计典籍或者设计的宣言等,而且这些设计思想也相继对世人公开。

2.功能第一,形式第二的思想

在西方美在功用的传统设计思想的基础上,西方的现代主义设计初期以后,又提出了"功能第一,形式第二"的思想。现代主义设计运动的奠基人是后来包豪斯设计学院的院长格罗皮乌斯,他对于这一新式的观念,可以说是在努力地宣扬。他的著作是《全面建筑观》。

同一时期,德国还诞生了一位比较著名的建筑家与设计师,他就是彼得·贝伦斯,现代设计的主要奠基人之一,他曾发表了很多具有较大影响的设计文章,宣传"只遵循功能目的或者材料目的,不可能创造任何文化价值"的设计理念。

3.艺术和技术统一的思想

这种设计思想是西方设计的十分重要的核心。其实,在19世纪后半叶英国的工艺美术运动与新艺术运动的时候,就已经提出了艺术和技术之间统一的设计理念。英国著名的工艺美术运动思想的奠基人约翰·拉斯金,也在其著作中明确地提出美术和技术之间相结合的思想,而英国的工艺美术运动领导者威廉·莫里斯,则极力推崇艺术和技术之间的结合。

到了1923年8月的时候,格罗皮乌斯在"包豪斯周"展览会开幕活动中,发表了"艺术与技术的新统一"的演讲。可以说,格罗皮乌斯与包豪斯打破了把"纯艺术"和"实用艺术"完全分开的设计观念,架起"艺术"和"技术"之间相统一的设计桥梁,进一步发展出了现代设计的新风格。

4.以人为目的的思想

这一思想的产生与流行,也与格罗皮乌斯以及包豪斯设计学院有千丝万缕的联系。

格罗皮乌斯提出:"为避免人类受机器的奴役,要赋予机器制品真实而有意义的内容……"

从他对"为避免人类受机器的奴役"的设计思想里我们能够看出,他将设计的目的视作人的追求。与之相对应的是包豪斯所创的理论中,其中有一个与之一样的观点,即明确了"设计的目的是人而不是产品"。

5."生态平衡"的设计思想

进入到 20 世纪 90 年代之后,"生态平衡"开始变为一种具有蓬勃向上的设计思想。其实,早在 20 世纪 60 年代,美国的设计理论家维克多·巴巴纳克在著作《为真实的世界而设计》中就提出了保护环境、珍惜资源的问题。

20 世纪 90 年代之后,美国的产业界最先提出"工业生态系统"这一设想,这促使工业制造逐渐向"绿色制造"发展,其主要目的是提高资源的利用率,在保护环境的时候也能创造高额利润。而这就要树立"生态平衡"设计理念。

综上所述,树立"生态平衡"意识,实现"生态设计",目的是设计师能够保护能源与资源来进行设计,将设计的过程融入废物利用的全程中。总之,设计上追求"生态平衡",是新时期的先进设计理念。

第二节　设计思维与心理

一、设计思维

(一)概述

思维是一种抽象的事物,是人脑对大自然中的事物本质及内在联系的一种间接、概括的反映;对设计来说,则是对自然物的性质进行改变,从而形成被人类利用的一个物品。由此可知,"设计"是前提,个人的思维限定了一个范畴,而"思维"则是一个手段,借助各种工具或表现的形式,最终才能形成设计产品。

设计思维对设计师有很高的要求,设计师不但要有很高的审美度与扎实的形象表达技能,还要具备把技术与艺术结合在一起的思考和研究能力,更需要通晓和设计有关的各种自然科学知识等,总之,其最终的目的都是让设计具备一定的文化品位。

(二)设计思维的特性

创造能力是人们对自身和客体进行改造的一种能力,是对人们所有的智慧、能力、心理的一种相对集中的反映。也指人们具有的独到的发现、发明与设计能力。不管是对科学创造,对技术创造还是对艺术的创造,其所具备的共同特点就是创新,而非重复,墨守成规。

1.独创性

设计思维所具备的独创性主要有下列体现:思维不会受传统的习惯与过往的先例禁锢;在学习的过程中可以对所学的公式、法则、方法、策略等有自己的想法,提出和众人、前人不同的、独具卓识的思维。普通的思维能够按照现成逻辑加以推理,但是设计的思维却全然不同,设计要独具新意,能够独辟蹊径。勇于挑战旧传统、旧习惯。敢于质疑人们认为"完美无缺"的事物,如图3-14所示,把耳

图3-14 耳机的独创性设计

机作为眼睛使用,表明耳机的听力很好,仿佛置身其中。

2.多向性

多向性指思维能够突破"定向""系统""规范""模式"方面的

束缚;在学习的过程中,不再拘泥于之前书本的所学、老师所教,在遇到具体的问题时可以采取灵活多变的方式,做到活学活用活化;可以从各个不同角度去思考问题,为所遇到的不同问题求解提供多条途径。一是"发散机智";二是"换元机智";三是"转向机智";四是"创优机智",即用心去寻找并发现最优的答案。

3.连动性

连动性是指"由此及彼"的思维能力。如英国著名的发明家邓禄普,在发现轮胎的过程中就运用了思维的连动性。其实早期的自行车轮并不是塑料的,而是木料、钢铁。邓禄普的儿子在一次骑自行车时摔伤,这就让他决定改进这种车。一次他在花园浇水时,发现皮管中的水就有弹性,便想到如果把空气装到皮管中是否也有一定的弹性,于是一件有价值的发明诞生了。如图 3-15所示,比如由钥匙齿想到一座座高山,象征着吉普车可以翻越高山的高性能。

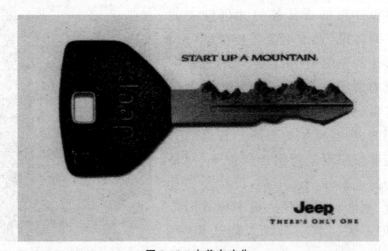

图 3-15　吉普车广告

4.超越性

超越性是指在常规思维进程中,省略某些不必要的步骤,以此来加大思维的"前进跨度";另外,从思维条件的其他的角度讲,

跨越事物"可现度"的限制,快速地完成"虚体"和"实体"间的相互
转化,拓宽"转化跨度"。

在进行思维的超越时,应注意一个重要的条件,即对相关知
识已做了全面的掌握,还能够正确地预测事物的发展趋势。否
则,如果对事物包含的相关知识与发展的趋势没有充分的了解就
进行思维的超越,那么只能是一种胡思乱想。由此可知,如果设
计师对事物一无所知,就不能算是对事物进行思考,也就更谈不
上超越性思考。

5.综合性

综合性是指思维调节局部和整体、简易和复杂之间的关系,
在诸多信息中加以概括、整理,把抽象的内容具体化,把繁杂的内
容简单化,进而从中提炼出相对比较系统的经验,如图 3-16 所示。

图 3-16　运用思维的综合性做出的广告设计

(三)设计思维的类型

1.发散思维

发散思维也叫求异思维,它是指按照一定的条件,对一个问
题从不同的角度寻求不同的、具有独特解决方法的思维方式,其

具有的特性是开放性与开拓性。

如"和平"这个主题,是近几十年以来在东西方的设计师中常被提及的材料,但是,由于具有不同的构思就会朝着不同的发展方向进行发散。表达的方式也就不同,如有的是人类保护和平鸽;有的从"反战"、消灭武器着手等,这些都是思维的发散。

2.收敛思维

所谓收敛思维,也叫求同思维、集中思维,主要是针对遇到的某一个问题来寻找一种正确答案的思维方式。很明显,这种思维方式中的发散产生的种种设想,其实就是集合思维的基础,而集中、选择则是对正确答案的求证。由此可知,这一过程并不会一蹴而就,而要常常按照"发散—集中—再发散—再集中"的路子进行,如图 3-17 所示。

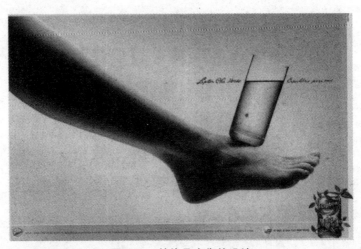

图 3-17　某饮品广告的设计

3.逆向思维

这种思维方式的特点是通过改变思维的思路,用与原来的想法相对立或是表面看起来几乎毫无可能的解决方法,来获得一种意想不到结果的思维方式。

逆向思维包括下列三种方式:

（1）反向选择。即针对人的惯性思维作出的逆反构想，进而形成了一种新认同，并在此基础上创造出一种新途径。

（2）破除常规。即在设计过程中冲破定式思维束缚，采用一种新的视野去解决老的问题。

（3）转化矛盾。即由相去甚远的事物或问题的侧面来作独具一格的思维选择。

4.联想思维

联想思维是把已经掌握到的相关知识信息和思维对象之间建立一种联系，再按照两者间的相关性生成一种新的创造性构想的思维形式。

5.模糊思维

所谓模糊思维，是指采用潜意识活动以及未知的不确定的模糊概念，实行一种模糊识别以及模糊控制，以此来形成一种具有丰富价值的思维结果。

模糊思维具有一定的特性，如朦胧性、灵活性等。设计是一种通过视觉语言进行信息传达的工作，当视觉传达发生了偏差时，就会产生一种模棱两可、虚幻失真的矛盾图形，如图 3-18 所示。

图 3-18　Raiffeisen 银行的广告设计

6.创造性想象

想象是一个建立在知觉的基础上，通过对记忆的表象来加工改造、创造出一个新形象的过程。

创造性想象方法可以分成三种：一是将各构成要素重组，突破原有的模式，创造新的形象。二是借助拼贴、合成、移植等方法,把看似互不相干的事物结合在一起,形成新的形象。三是运用夸张、变形等艺术方法,将设计的对象所具有的某种性质、功能突出出来,或对改变其已有的色彩与形态,形成新的形象。如采用夸张与变形的方式不但能够创造出一个比较新颖的艺术形象,还能够创造出一种奇特、有趣的艺术形象,如图 3-19 所示。

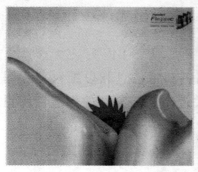

图 3-19　创造性广告设计

二、设计心理

(一)消费者心理

1.消费者多层次性需要

首先,消费者的需要不同势必引起人们对产品需要的不同,这一系列不同的层次上的需要也会在一定程度上决定需要满足的紧迫性,如生理需要、安全需要等。随之而来的是,在满足了生理需要之后就会对其他需要产生迫切性,如认知需要、审美需要等。

生理需要:衣服、食物、居住场所等。

安全需要:防盗器、保险柜、医疗等。

社会需要:贺卡、电话等。

尊重需要:象征身份品牌的高档物品、奢侈品等。

认知需要:计算机、网络、旅游等。

审美需要:时装、工艺品等。

实现自我需要:教育、地位、崇拜等。

其次,由低到高的多层次需要,这就造成各个用户群体间也存在比较明显的分层现象。社会层级低、收入低的人主要是温饱需要;中等阶层比较缺乏安全感,支出的倾向也多用于养老保险、教育等方面;高阶层的人群需求则是奢侈品,他们对教育、知识等方面投资较多。

再次,用户需要的多层次性又会促使各产品同样产生十分明显的分层状况,这在很大程度上也使不同消费者在购买同类商品时的动机不同。而设计就要了解不同层次的消费需求,设计出满足各层次人员的产品需求。

最后,多层次需要理论为市场营销提供了依据,广告、包装、卖场等设计,通过侧重点的不同来满足其诉求,以此赋予产品不同层次的属性与特征,满足消费者对不同层次产品的需要。

2.物质需要和精神需要

按照需要指向的对象,可以将消费者需要分为物质需要与精神需要。物质需要是对物质存在对象的需要;精神需要则是对概念对象的需要。

物质是人得以生存、发展的基础,也是精神需要赖以生存的基础。物质需要同样受到精神需要的影响,特别是消费社会的影响更为明显。

3. 消费者需要的不满足

当由于某些原因让个体达不到他所预期的目标时,他或许就会转向别的替代品。尽管替代目标不如原来的目标令人满意,但在很大程度上或许可以满足本来的需要。比如,一位大学生需要自行车,如果他并无足够的钱买新车,那么他或许会买旧车来代替。但是,如果消费者的目标没有办法满足的话,它的需要就会得不到满足,这时人们就会有一种挫折感,个人在这时也会对挫

折作出某种程度的反应。有的人会设法绕过去,但是有一些人则表现出比较焦虑的情绪,以此来获得心理平衡。

(二)消费者的动机

1. 消费者的一般动机

动机通常可以分成两类:一类是生理性的;另一类是心理性的。其中,心理性购买动机主要有三种:感情动机、理智动机、信任动机。

(1)感情动机

感情动机就是由人的感情需要引发的一种购买的欲望。感情动机又可细分成两种情形:一为情绪动机;二是情感动机。情绪动机表现为人的情绪,如喜、怒、哀、乐的变化引起的动机。情感动机主要是由人的道德感、友谊感等引发的动机,如为友谊而购买的礼品。

(2)理智动机

理智动机是指消费者对商品有一种十分清晰的了解,在对某商品十分熟悉的情况下进行的一种理性抉择而做出的购买行为。拥有这种动机的人通常都是生活阅历丰富的、成熟的中年人。

(3)信任动机

信任动机是指基于对某品牌、某产品或某企业的信任而产生的一种重复性购买的动机。

2.消费者的具体动机

消费者的具体动机有很多种,根据不同消费者的心理活动变化来看,主要有下列几种。

(1)求实动机:消费者以追求商品或服务的使用价值为主导倾向而产生的购买动机。

(2)求新动机:消费者追求商品、服务的时尚、新颖、奇特为主导倾向而产生的购买动机。

（3）求美动机：消费者将商品的欣赏价值与艺术价值放在第一位而产生的购买动机。

（4）求名动机：消费者主要追求商品的知名度、高档层次，以此来显示或提高身份、地位而产生的购买动机。

（5）求廉动机：消费者主要是追求廉价的商品、服务为主导倾向而产生的购买动机。

（6）求便动机：消费者以追求商品购买和使用过程中的省时、便利为主导倾向的购买动机。

（7）模仿、从众动机：消费者在购买一件商品的时候，在自觉或者不自觉的情况下模仿他人的购买行为来进行购买物品，在此基础上形成的一种购买动机。

（8）好癖动机：消费者购买商品时能够满足个人的特殊兴趣、爱好，并在此基础上形成的购买动机。其核心是能够满足某方面的嗜好、情趣。

（三）设计师心理特征

1.情感特征

（1）情感在产品设计中的含义

情感是指人对周围与自身乃至对自身行为的态度，是人对客观事物的特殊反映，也是主体对客观事物能否满足自己需求的体验。在产品设计中，情感为设计师—产品—大众的信息传递。了解这个过程可以较好地诠释人性设计这一比较流行的概念。

（2）设计师情感的表现为产品

设计师要在某个产品中才能表现出自己的真正情感，就如同一位艺术家能够通过自己的某件作品发泄情绪一样。从这个角度看，产品设计的过程也可视作艺术表现的过程。需要强调的是，产品形式和情感是一个整体，只有将产品外观与功能同唤起的感情相结合，产品才具审美价值。产品设计和艺术的表现之间存在着密切的联系，我们可把艺术表现的原理与方法一并运用于产品的设计中,即把情感引入设计中。

(3)大众使用产品的感受

通常来说,产品具有一定的情感,但是这种情感并不是来自产品本身。它主要包括两个方面:一是设计师自身的审美观点体现在产品中;二是在面对与使用产品时,广大消费者会对美丑产生特定的反应与偏好。大众使用产品的感受主要通过两个方面表现出来:一是社会潮流;二是文化背景。

社会潮流(流行趋势)会对人们的审美产生很大影响,但是这并不是静态的过程,而是有特定的年代更替。更进一步说,随着当前社会发展,设计也在不断地推陈出新,这种替换频率也呈现一种逐渐加快的趋势。这对于设计师来说,无形中也就形成了一种压力。这是因为,设计工作所具备的职业特点要求设计师们要一直走在潮流的最前端。

文化背景会对个人以及社会的价值观造成一定程度的影响,从而导致大众产生不同程度的审美情趣。这种由文化影响而产生的外在审美心理感,在一定程度上应该具有社会的相对性。与此同时,它们又具一定的客观性,这是因为,在社会的特定时期和特定传统中,它们存在着相对固定的意义。

2.文化特征

(1)个性风格和文化

设计的灵魂是个性风格以及表达的方式。不管从事哪种设计和创作,个性风格都应该是每个设计师需要追求的核心部分。但是,设计需要在特定的文化背景参与下以及环境的制约下才可以展开并最终完成,是文化的有机构成部分。文化同时也具有时代性、民族性与阶段性,因此,设计的行为与结果也总会在不同的程度上积淀民族历史的某些成分和因素。

（2）设计的多元化

当今社会飞速发展，世界的经济、政治也呈现出多元化趋势，这就要求设计也要朝着多元化、个性化的方向发展。从经济市场角度看，不管是何种设计，不但要重视其基本功能与新技术开发，更要重视产品是否能够满足消费者的精神需求。从另一个方面来说，设计对民族文化的追求在一定程度上也能推动民族文化传统的传承与发展，把设计和民族文化真正融合在一起，才会使之发展传承。

（3）设计的民族化

中国具有五千年的历史积淀，设计可以从中开发出灵感和源泉。一方面，我们能够从前人以及过去历史文化中继承传统，用新的方式诠释或创造出新东西来。另一方面，中国的现代设计还要建立在对外来文化科技引进的基础上，做到以传统文化为本，现代观念为用；与此同时，我们还要积极地掌握新信息技术，为我们的设计提供更多的表现以及实现的可能。

(四)设计师的心理研究

1.设计表现的心理

设计的表现心理又可以分为两个方面：一是设计师的特殊语言；二是设计领域的沟通工具。

设计师的想象不是一种纯艺术的幻想，而是要将想象运用科学的技术化成有用的产品。这就要求把想象首先视觉化，呈现在图纸上。因此，设计师一定要有良好的绘画基础和空间立体能力。同时，设计师还要能够迅速地捕捉到大脑中的构想。

针对设计师的表现心理来说，它是设计领域的沟通工具，在设计师思考的领域里，解决问题的方式是集体思考。再说，现代的工业设计和传统的手工艺设计存在着很大的不同，所以，设计师在设计构想之前，要和有关人员沟通，努力制作出最美观、广受欢迎的产品。

2.培养良好的设计心理

从普通的设计师到一流的设计师,需要经过一个相对漫长且很痛苦的历练过程。作品创作也会从平庸到优秀发生转变。所以广大的设计师们要能够经得住一次次失败的打击,同时还要养成专业人士的习惯,留心观察所有设计过的事物。随着知识库的不断积累,优秀的设计作品会变得越来越多。

在当今社会,信息处于大爆炸的状态,之前设计的作品在很短时间就会变得陈旧、平庸。所以,一个优秀的设计师只有始终保持一颗好奇、单纯的心,他的设计作品才可以不断地出现新的创意。

第三节　设计风格与审美

一、设计风格

(一)俄国构成主义

俄国的构成主义是世界上第一个采用了纯粹客观态度的运动。在他们所创作的作品里,构成主义遵循了一种几何的、精确的机械化方式,他们运用矩形、正方形以及圆形等作为设计的主要形式,来精心地构造出一种可以反映现代社会机器占主导地位的艺术品。在第一次世界大战之前,俄国就有了抽象艺术实践,如马列维奇纯抽象绘画作品《白底上的黑色正方形》,在当时引起强烈的反响。之后,一大批艺术家开始歌颂机器生产,赞赏批量生产与现代化工业材料,俄国构成主义诞生了。

构成主义最出名的艺术作品应该是建筑师塔特林于 1919 年创作的第三国际纪念塔,如图 3-20 所示。这座塔的高度在 400

米,要比巴黎的埃菲尔塔高 1.5 倍。

图 3-20　第三国际纪念塔模型

(二)风格派

1917 年 10 月,荷兰的一批设计师、艺术家出版发行了叫"风格"的杂志,风格派便由此产生。这是一场在设计舞台上具有重要地位的运动。它最初源于立体主义运动,而发展到最后变成了一个具有纯粹意义的抽象运动,对 20 世纪时期的建筑与产品设计都产生十分深刻的影响。这个运动的领导者是杜斯博格,最初还有巴特·安东尼、乔治两人。杜斯博格在作品中主要元素采用的是几何图形,如图 3-21 所示。

图 3-21　杜斯博格作品

风格派的艺术主张为绝对抽象的原则,摒弃传统的造型,渴望创造出一种和宇宙精神及其规律相契合的抽象语言。风格派的艺术设计尽最大努力地更新艺术和生活之间的相互联系,致力于创造新的生活方式,希望运用一种艺术表达方式去改造环境。由于风格派的思想有一种生气和与时代进步的精神,所以后来逐渐形成了一种国际风格。

(三)超现实主义

超现实主义采用所谓的"超现实""超理智"梦境、幻觉等,来作为创作源泉,持有这种观点的设计家认为,只有这种超越现实的设计才可以摆脱所有的束缚,才能够真实地反映出客观事实,并对传统艺术的看法产生深刻的影响。超现实主义其实最主要的是一场艺术运动,但也渗透平面设计的各个领域。20 世纪早期的英国艺术家曼·雷为伦敦地铁做的一个海报设计,就是一个很好的例子,如图 3-22 所示。

图 3-22　《使伦敦不停运转》的海报

（四）流线型设计

流线型设计是对现代社会机器美学的理解，流线型尽管在本质上也是一种功能性设计，但是却主张设计成一种无缝的整体，高效统一的光滑轮廓。流线型设计风格是伴随着现代工业社会的快速发展兴起的，以美国作为其中心而逐渐流行开来的设计风格。在当时，火车、轮船、飞机等现代化的交通工具设计需要日俱增加，所以流线型倡导者就将速度作为"现代的本质"，如图3-23所示。

图3-23　流线型列车设计

流线型设计有很多用途，不但能够用于对功能的改进，还可以用于家居产品设计方面，如电熨斗、电冰箱等。随着科技的发展，新型材料与金属模压成形等各种方法得以运用，流线型设计范围变得更加广泛。20世纪初期，"泪滴形"设计成为现代社会发现的阻力最小的形状，被人们广泛地接受。

二、设计审美

(一)设计的功能美

19世纪下半叶,大机器工业生产得到迅速的发展,随之而来的是工业产品技术与艺术的分化设计。20世纪以来,这种分化越发明显,所引起的是人们对功能和美之间的关系问题的思考。

日本当代美学家竹内敏雄提出了"功能美"一词。他认为,所谓的"功能美",是指功能的直观形态化所体现的美。

中国当代著名的美学家李泽厚也在20世纪50年代末提出了"功能美"一词。指出社会主义时代实用品的特点,一是大规模工业生产;二是为广大人民群众服务与使用。注意功能美也成了一个十分突出的问题。实际上,功能美的最本质内容为实用的功能美。他还认为,我们还要重视物质材料自身所具有的质料美、结构美特征,尽量避免进行一些不必要的雕饰与造作。

实际上,功能美属于设计美学的明确概念范畴,其所指的是现代产品功能本身就具有的美。但是需要说明的是,功能美并不是跟随着现代科技高度发展而出现的,它在设计产生的最初时候就有了。

在设计发展的历史过程中,任何新产品发明的初衷与目的都是为实用。如原始时期的陶器能够用来炊、煮、烹饪、盛液体等,要远比原始时期的陶器更为实用。现代时期的工业新产品,如彩电、冰箱、小汽车等,在它们刚问世的时候具备的崭新功能之美也同样给现代人带来一种审美方面的快感。

当然,人类在进入大工业生产时期之后,工业生产的产品所具备的功能变得更加被人们所重视。20世纪上半叶以来,产品的功能成了设计师首要考虑的因素。

(二)设计的形态美

产品所具备的功能美是产品设计包含的诸多审美因素中首要以及主要的因素。但是,一个产品只有功能美还远远不够,因为这不能满足使用者的审美需求。所以在设计的诸多因素中,形态美还是一种比较重要的因素。

产品的形态,关键是指生产的产品外观及其结构形式,即产品的外在造型。

产品形态的起源,可以上溯至原始时期,距今有数十万年。原始的先民按照生活需要,将石器和木、骨、角器等进行重复的加工制作,那么器物的外形就会无数次地在人们头脑中出现映像,渐渐地就形成了器物造型的观念。随着设计的持续进步,产品的外在形态也由简单到复杂,由单一到多样不断地变化着,在产品的功能方面也日趋合理化,形式上更具审美意味。

产品形态包括两方面,即外观形式与内在构造。外观形式,是指产品结构的外在表现,能够直接为人所感知到;产品内在结构,指产品物质功能的载体,是实现产品物质功能的手段集合。

通常来讲,产品的外在形式会受产品结构形状的影响;而产品外观形式又有相对独立的审美价值。在中国的设计史上,明式家具的设计是一个典型的例子,能把结构美和形式美融为一体,整体上构成明式家具独特的形态美。现代家具设计和现代化大工业生产结合在一起,外观上采用以点、线、面相搭配的抽象组合,使家具更具有简洁、明快、单纯的艺术气息,具有十分强烈的时代风格与现代化的审美意味,如图3-24所示。

设计的形态美能够概括为5个主要方面:1.比例与尺度。2.对比与和谐。3.多样与统一。4.对称与均衡。5.节奏与韵律。

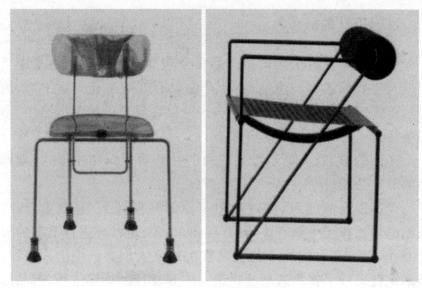

图 3-24　现代家具设计

1.比例和尺度美

比例,主要是指在产品的造型中,整体和局部、局部和局部间的大小关系,即优美的比例。尺度,一方面是指产品相对于人来说形成的感觉关系与人所习见的某些标准的关系;另一方面也指产品的造型在整体或某部分构件的大小按照人的生理特点以及使用的方式形成的相对恰当且合理的尺寸。

2.对比与和谐美

在对产品的造型进行设计时,把产品的体积大小、空间的虚实、质地粗细等某一种形式因素中的两种程度比较形成明显的差异,就是对比。通过对比的作用,能够达到一种突出视觉刺激性,增强艺术效果与艺术感染力的目的。

和谐是一种对立面的统一,把形式因素中所包含的各种对立部分相互协调与统一,即和谐。古希腊美学家毕达哥拉斯曾经也提出"美就是和谐"的观点,如图 3-25 所示的设计就重点突出这个观点。

图 3-25 对比与和谐的现代工艺品

3.多样和统一美

多样和统一,既有多种对立因素之间的统一,也有非对立因素间互相联系的统一。在产品造型中,最能体现"多样与统一"形式美的造型手法,就是系统化造型的手法。

4.对称和均衡美

对称和均衡,也是构成艺术设计形态美的十分重要的原则。所谓对称,是相同与相似的形式因素之间的组合所构成的对等的平衡。

均衡主要有两种表现手法:第一,产品主要的形体完全为不对称、不规则的,即"异形造型"。第二,产品主要的形体为对称的,但是其主要的构件为非对称的。

5.节奏和韵律美

节奏本来是文学或艺术的形式法则,如诗歌中的抑扬顿挫、舞蹈中形体做一些有规律的变化等,这些都为节奏感的表现。而产品设计表现出来的节奏感,主要是通过产品的造型、纹饰、肌理等视觉符号来体现的。

韵律和节奏之间存在着不可分割的紧密联系,但是韵律又不完全与节奏等同。韵律是更深层的审美感受。而节奏感则是完全来自于视觉与听觉,而韵律感最主要的是出自内在情感方面的表达。

(三)设计的材质美

材质美是审美中一个十分重要的部分,更是审美十分突出的特征。材质美早在先秦时期就已经存在,被记录在中国著名的工艺典籍《考工记》中。

材质美主要是人的感官对各种产品的材料质感以及纹理产生的心理感受与审美感受。这种感受的产生主要通过人的视觉、听觉以及触觉产生。

产品材质不同给人所带来的感觉也会不同,正是因为这个关系,历代的设计师以及能工巧匠在对器物的产品表面加工处理时,都会最大限度地保持材料原有的自然质地与纹理,同时通过工艺手法,丰富材料的自然质感以及纹理上的变化,创造材质美。

现代工业产品的材料十分丰富,新型金属材料、工程塑料、复合材料的大量使用,也创造出了很多新材质的美。现代工业社会,材料的表面处理技术得到较大程度的发展,如电镀、喷镀等,都让材质美变得更为丰富多样,如图 3-26 所示。

图 3-26　现代艺术的材质美

（四）设计的装饰美

在设计的审美过程中,产品所具有的形态美是居于主导地位的,但是产品的装饰却具有一定的从属性;在这方面,中国的传统产品其实一直比较重视装饰美。

中国的装饰美早在先秦时期就已存在,如《易经》中记载的物品,就已涉及产品的装饰艺术中两个十分关键的问题,即文与质的关系;附丽与美丽的关系。

（五）设计的色彩美

色彩是一个产品设计的视觉审美因素中最为强烈、最有冲击力的要素之一,因此也是产品在设计审美的时候所具有的一个比较突出的特征。

传统的产品色彩有两种:一是天然色彩美;二是人工配色美。天然色彩美是利用产品的制作材料所具有的天然色彩,不加掩饰地表现出来的自然美感,如中国传统的明式家具、紫砂陶器等。

图 3-27　现代社会色彩斑斓的设计

而中国传统的、人工配色的产品,主要为彩绘、镶嵌、印染、刺绣等手工艺品中采用的手段,由人工组合搭配色彩,如原始彩陶,元、明、清时期的彩绘瓷器等。

现代化工业社会主要的配色为合成颜料,产品的色彩也变得越来越强烈,而设计师们在色彩的选择上具有较大的自由度,这促使人们对现代产品色彩的审美变得更高,如图 3-27 所示。

第四节　设计符号与方法

一、设计符号

(一)平面设计符号

平面设计符号是指人类运用视觉器官能够看到的,能表现事物具有一定特性的符号。设计一定要有功能性,才能给人们的生活带来较大的便利,以此来体现理性与务实的精神;但是,从另外一个方面来看,设计同时也是心理层面的需要,让图形及其符号在心理层面上得到共鸣。图形符号具有的直观性和说明性,在一定程度上可以弥补语言文字上的不足,能够用来直接解释事物本来的面目。

作为有着悠久历史的中国,早在春秋时期就已注意到符号现象了。在中国,关于符号所表达的思想异常丰富,庄子在《外物》篇中指出"言者所以在意,得意而忘言"。

中国传统的图形承载了华夏五千年的智慧与精髓。中国传统文化包括了很多内涵,如易、儒、禅、玄等思想,给中国的传统图案赋予了深刻的意味,如青龙、白虎、朱雀、玄武四神图案;荷花图案等。

中国的传统图形把大自然的风、火、雪等景象,经过各种艺术加工变为图形化,从而出现了寓意比较深刻的图案。再通过巧妙的符号进行艺术处理,成了中国传统艺术中的"外师造化,中得心源"独特运用。比如,鹤、树、鹿构成的图形为"六合同春";大象与瓶子相结合组成的造型叫"太平有象"等。

中国传统的吉祥图案有下列来源(部分):

佛教、喇嘛教的图案——莲花、宝珠、八宝。

吉祥文字——千秋万代、五子登科。

福禄谐音——福（蝠）、禄（鹿）。

中国传统的图形设计着重强调"形而上"的思考，是最具有哲学意味的一种抽象符号。传统图形中包含的吉祥寓意给现代设计赋予了丰富的精神食粮，它将传统的图形"意"应用到现代设计的过程中，极大地延伸了中国传统的图形所蕴含的精神符号。

在 2008 年，北京举办了奥运会，其申奥标志就是利用奥运的五色环涉及的团，再通过艺术化的表现手法，幻化成人的形状，表现人的力量和激情，如图 3-28 所示。

图 3-28　北京奥运会申奥标志徽标

在日本，有"平面设计教父"之称的福田繁雄凭借其幽默、独到的设计风格享有极高地位。福田繁雄的艺术作品具有简洁、明快的风格，设计的作品也采用十分简明的造型与色彩，如其设计的"VICTORY"平面，用一个飞回枪管的子弹象征战争的结束。鲜艳的黄色背景与黑色枪管形成对比，体现出战争的极度危险，如图 3-29 所示。

图 3-29　海报"VICTORY"

在德国，设计师冈特·兰堡也设计出了不少优秀作品，如土豆系列招贴作品，如图 3-30 所示。通过对土豆形态进行切割、色彩涂抹、形态拼接等形式,给人一种独特视觉感受。

图 3-30　冈特·兰堡招贴设计

(二)景观设计符号

不管是何种符号体系,都有其关联域,即环境或文脉。景观符号体系不但是形式的体现,更是风格和思想。景观的语言符号将景观的各元素作为表现的载体,表达出一定的"意义"。设计艺术存在着很多十分典型的象征性符号,在建筑方面,象征主义能够以整体的形象来表现,如将机场设计成要起飞的大鸟,将悉尼歌剧院设计成要扬帆起航的风帆等。

景观是文化的载体,在不同的方面与层次上体现着精神符号,一是通过形式美来表现,如形象、尺度、色彩等,给人一种美的感受;二是表现事物的内涵,即社会伦理、精神象征等。景观是技术和艺术的结合物,物质性和精神性的统一。

景观设计要在一定的物质条件限制情况下、充分地利用所有可能的手段去完成,景观通常都有物质性的使用功能。景观设计同时还要营造出某种环境氛围,在此基础上要进一步表现不同的社会文化,从而体现出人类所具备的某一种情感、思想等,以达到可以陶冶与震撼人心灵的效果。

景观设计符号可以分为三个部分,即解构主义与简约主义符号、后现代主义符号与园林艺术符号。

1. 解构主义与简约主义符号

解构主义有十分复杂的哲学根源,而对这一词语的确定时间是在 20 世纪 60 年代后期,是由法国著名的哲学家贾奎斯·德里达于其著作《论语法学》一书中进行的描述,"解构"一词,最先来自于海德格尔的著作《存在与时间》,指"分解""揭示"的意思。20世纪 80 年代以来,法国的著名哲学家贾奎斯·德里达才进一步提出了解构主义哲学。解构主义十分大胆地对古典主义、现代主义以及后现代主义提出了质疑,主张"分解""解体",重视偶然性。

在 1967 年,法国哲学家德里达先后发表了《声音与现象》《书写与差异》《论书写学》三部对哲学与文学理论界产生重要影响的作品。之后,在 20 世纪 70 年代他又相继发表了很多惊人的作品如《播撒》《立场》等。德里达的哲学思想对之后的解构主义建筑产生很大的影响。

2. 后现代主义符号

后现代主义在景观建筑中也产生了较大的影响,所以其首先就体现在建筑的领域,后现代主义的代表理论家之一是罗伯特·文丘里。他于 1966 年就发表了《建筑的复杂性与矛盾性》,这一文章被视作后现代主义建筑思潮的宣言。之后,英国著名的建筑理论家詹克斯于 1977 年出版了《后现代建筑宣言》,从此,后现代主义建筑运动的序幕就被拉开了。

后现代主义的代表性设计师主要有罗伯特·文丘里、罗伯特·斯特恩、查尔斯·穆尔、迈克尔·格雷夫斯等。

著名的设计师罗伯特·斯特恩提倡一种隐喻的创作手法,提出:"隐喻是后现代建筑师在视觉上构成文脉的一种手段。"隐喻让新建筑和历史的传统构成了一种文脉,传达出了凝结在其中的精神与思想。隐喻主义通过对符号或形式的引用,反映出景观的特定历史内涵。其中,利用隐喻手法创作的最具代表性的作品是

"best"超市,如图 3-31 所示,通过外在结构试图表现出"幽默""玩
世不恭"的态度。

图 3-31 "best"超市设计

3.园林艺术符号

中国的古典园林主要是由建筑、绘画、雕刻等表现形式组成
的综合艺术体。其中使用了大量的图像符号来表达人们渴望追
求美好生活的心态,园林设计时追求"步移景异"的创造手法,还
善于利用山、树、亭等营造丰富的空间层次感。

中国古典园林有自己的设计特色,常常把整个园里的某个景
区扩大成重点景物,再搭配一些小景区作为辅助,以此表明主次
分明的对比效果。与此同时,中国古典园林追求人和自然之间的
和谐统一,即"虽由人作,宛自天开",如沧浪亭内的景物设置。环
秀山庄内水体蜿蜒、小桥曲折等,都表现出了园林内的形式美,如
图 3-32 所示。除此之外,中国的园林如"网师园""拙政园"等,这
些不仅有自然山水的形式美,还升华到了诗情画意的意境。

图 3-32　环秀山庄

　　法国的古典园林主要追求秩序,以此来表现传统的理性美,如运用轴线对称、几何喷泉等方式,用人工自然的方式去体现人征服自然,严谨的秩序、轴线等手法,成了设计师参照的主要源泉。很多法国古典园林都采用十分规整的布局,规整的轴线、严格的比例来表现几何美,如图 3-33 所示。

图 3-33　法国古典园林鸟瞰图

二、设计方法

所谓方法,指的是为了解决某个问题或为了达到某种目标而运用的方式方法的总和。广义上来看,方法其实就是人的一种行为方式;狭义地来理解,方法是指能够解决某一个具体的问题,完成某一项具体的工作而需要的一系列程序和办法。

设计的方法是在设计的实践过程中逐步产生与发展起来的,同时,它还在和其他的学科方法进行持续的交流与学习过程中不断地发展变化着。由此来看,现代设计的方法学,其实就是一门综合性的科学。而在现代设计的方法论中,"包括突变论、信息论、智能论、系统论、功能论、优化论、对应论、控制论、离散论、模糊论、艺术论的内容"❶。其中,最具普遍意义的为功能论方法与系统论方法。

(一)功能论方法

无论哪一种设计都有其最终的目的,而目的正好是功能的表现,功能设计不但涉及了产品的使用价值和使用期限,还涉及了其重要性、可靠性、经济性等多个方面的内容。

功能论方法是把造物的功能或设计所追求的功能价值加以分析、综合整理,形成更细致、完整、高效的结构构思设计,完成设计任务。从内容上来看,功能论方法主要包括了功能定义、功能整理、功能定量分析等诸多方面。功能论方法在设计的过程中有极为重要的意义,主要是把产品的功能作为其设计的核心,设计构思也以功能系统为主。同时,这种设计方法主要是以功能为中心,能够最大限度地保障产品的实用性与可靠性。

功能论方法也比较重视对功能进行分类。李砚祖先生认为,有的设计对象具备了几种功能,有的则有较多的功能,如果按照

❶　戚昌滋.现代广义设计科学方法学[M].北京:中国建筑工业出版社,1996.

功能的性质来分,主要有物质功能和精神功能两部分。而物质功能则是产品的首要功能,精神功能通过产品的外观造型以及物质的功能表现出来的审美、象征、教育等的组成。其具体的列表如图 3-34 所示。

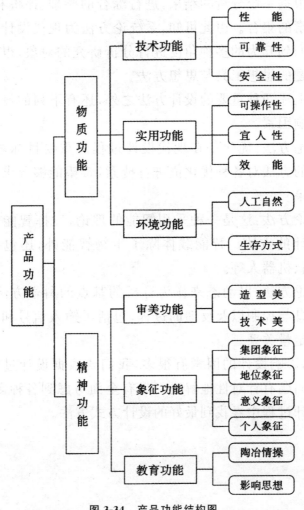

图 3-34　产品功能结构图

(二)系统论方法

系统论方法是进行整个设计的前提,它是一种以系统的整体分析及系统观点作为基础的科学方法。系统论认为系统是一个具有特定的功能,相互联系与相互制约的有序性整体。

　　具体来看,设计的系统分析包括许多方面,如设计总体分析、功能分析、分析模拟、系统优化等,最后进行系统综合。系统分析是系统工程的重要组成部分,系统分析是系统综合的前提,而系统综合是根据系统分析的结果,进行综合的整理、评价和改善,实现有序要素的集合。由此可知,系统论方法为现代设计领域提供了从整体的到互为的多种角度进行分析研究的对象,也提供了与之相关问题的思想工具与思想方法。

　　除了上述两种重要的设计方法之外,还有下列的设计方法是设计的影响因素。

　　优化论方法:优化是在现代设计过程的重要目标之一,常常采用数学的方法对各种优化值进行搜索,希望能够寻求一种最佳的设计效果。

　　智能论方法:这是一种采用智能的理论,发挥智能载体的潜力从事设计的方法。智能载体除了生物智能外,还包括人造智能,如电脑、机器人等。

　　控制论方法:以动态来作为分析的基点的科学方法,重点研究动态信息与控制以及反馈的过程,包括了输入信号和输出功能间的定性定量关系。

　　总之,影响设计的因素有很多,我们要根据设计过程中所遇到的实际问题有针对性地解决。只有全面考虑到各种影响因素,才能在设计过程中寻找到最好的设计方式方法。

第四章 | 设计师及其职业生涯

　　设计师是指从事设计工作的人,他们经过教育、经验的积累,具备了一定设计技能,是在不同的设计领域以不同的形式从事设计工作的个体劳动者。设计作品是设计师创作的作品,是物质生产与精神生产相结合的一种社会化产品。设计师与普通人的区别在于设计师具有普通人欠缺的设计专业与知识技能,因此,一般普通人仅仅停留在设想层面,而设计师不仅需要设想,还需具有将设想转变为现实的能力。

第一节　设计师的产生与分类

一、设计师的产生与演变

　　设计是一项创造性的思维活动,而这种活动是围绕设计主体——设计师展开的。人类文明的进步,都有设计师的参与和创造。从衣不遮体到西装革履,从巢居穴处到摩天大楼,从举步维艰到日行万里……无数生动的事实证明,人类文明正是在创造的历史中逐渐走向新的高度。其中,不乏科学家的发现、发明,也记载着艺术家的神思遐想,还包含了设计师将科学发明、艺术神思的融会贯通,创造设计出人类文明的座座丰碑。

（一）设计雏形及设计工匠的出现

从 200 万—300 万年前"制造工具的人"到现代意义上的设计师，是一个漫长的、渐进的发展历程。远古人类在进入文明社会之前，还没有专门的物质生产和精神生产的换分。第一个打石成物、磨石成器的人，就应该是设计师的雏形，是生产劳动创造了人，创造了设计，同时也产生了设计师。

例如，中国民间传说中的有巢氏、燧人氏、神农氏、伏羲氏，为人类创造了住房、火种、农耕等文明方式，他们实际上并非指特定的某人，而是一个时代的代名词。也正是掌握了用火技术，才加速了人类的文明进程。火——把泥土烧成陶器和砖瓦；火——把石头冶炼出金属、铸造成青铜器、精制成金银器和首饰，凡此种种，体现着人类从低级向高级演进的文明、创造的历史。

当然，本书所探讨的是现代意义上的设计师，作为现代社会的一种专门职业，它的出现是建立在社会经济和科学的发展基础之上的。

距今 7000—8000 年前的原始社会末期，随着初步的社会分工，使得一部分人得以脱离一般的物质生产劳动，而相对专注地从事广泛意义上的精神生产与物质生产相结合的手工劳动方式，因而出现了专门从事手工艺生产的"工匠"。

中国古代自殷商始，历代都实行工官制度，在中央政府中设立专门机构和官吏来管理和监督手工业生产过程。手工业专业工匠多为世袭，在重"道"轻"器"的中国封建社会，手工匠人的社会地位十分低下。在我国隋唐时代，出现了专门负责设计的建筑师——梓人（都料匠）。那时开始采用图纸和模型相结合的建筑设计方法，工匠李春设计修建的赵州桥，便是世界上最早的敞肩大石桥。随着时代的发展，手工业又有了进一步的分工，于是有了从事工具和建筑的木匠、铁匠、瓦匠、石匠等；从事日用品设计制造的陶匠、篾匠、竹匠、铜匠、银匠、金匠、玉匠、织匠、皮匠、画匠等。这些匠人，通过历代子承父业、师徒相授，形成了早期设计匠师的梯队结构。

　　古埃及、古希腊时代的工匠们有自己的行会组织,并出现了诸多的制作行业,制作各类工艺用具乃至车轮、船舶等。后来,便出现了画家与雕塑家,他们与工匠们一样,被权贵和学者甚至诗人所蔑视。

图 4-1　艺术家、设计师达·芬奇自画像

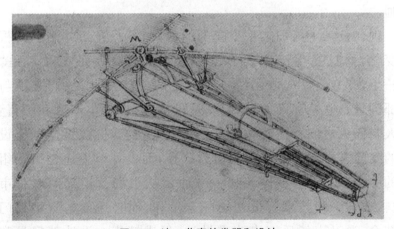

图 4-2　达·芬奇的发明和设计

　　直到古罗马时期,在制陶与建筑行业中才真正出现设计与制作的分工。中世纪的工匠们,以家庭手工作坊的形式成立"手艺

行会"。行东既是店主又是工匠,集设计、制作、销售于一身。这时期,在工匠与艺术家之间没有明确划分,他们所从事的工作被排除在"七艺"之外。到了文艺复兴时期,手工业与艺术在观念上也才渐渐被分离出来,一些工匠逐渐成为艺术家。16世纪以后,随着画家、雕塑家和建筑师逐渐成为设计的主要力量,才使得设计渐渐成为工艺生产中的特殊环节。如达·芬奇、米开朗基罗、拉斐尔等大艺术家的出现(比如,图4-1和图4-2所示为达·芬奇的自画像及其设计的两件作品),他们不仅专门从事设计,还成立了设计师行会组织,并培养了一大批设计师。1735年,英国的贺加斯,法国的巴合利耶分别设立了专门的工艺设计学校,他们不同于传统手工业传承关系的模式,近乎职业设计的教育方式,促进了设计的发展。

(二)现代设计师的诞生

现代意义上的"设计师"(Designer)是在第二次社会大分工时产生的。工业革命使人类的生产、生活方式发生了重大而深远的变化;随着劳动分工原则的推行,设计从生产中分离出来,并作为一个新兴的行业出现,于是,专门从事设计工作的人就被称为设计师。

现代设计师与旧式手工匠师的区别,不只在于体制上的根本性变化,而且在生产方式上也有很大的不同。手工匠人是"设计—生产—销售"一体化的自给自足的个体劳动,他们无须与其他部门进行联系和沟通,他们既是设计者,也是生产者和销售者;匠人与匠人之间存在着一种自私、封闭式的人际关系。现代设计师的工作常常涉及多部门的通力合作,而设计专业还是市场组合中的一个有机部分。设计师一方面要从市场营销部门取得市场资料,要与工程技术人员密切配合工作,而且还要与营销部门密切结合,通过市场反馈来改进设计、促进销售。设计部门是整个企业链条中的重要环节和关键因素,有承上启下的作用;设计师个人,则是设计部门一个团队中的一个成员,因此团队精神是现代设计师的重要特征。

恩格斯曾把欧洲文艺复兴称为"创造了巨人的时代",达·芬奇、米开朗基罗等就是那个时代的"巨人"。我们不仅要知道牛顿、爱因斯坦、莎士比亚、达尔文……也应知道维特·鲁维、格罗皮乌斯、柯布西耶、赖特、雷蒙德·罗威、贝聿铭……正是他们,创造和推进了人类文明进程。

(三)职业设计师的崛起

设计的职业化是在"二战"后随着设计学科的确立发展起来的。其强大的驱动力就是工业化,是对手工艺生产方式的革命,实现了人类史上第二次社会大分工,使得设计从生产中分离出来。此后,19世纪的莫里斯、雷德瑟是最早出现的工业设计师。1915年英国成立了设计与工业协会,使工业设计职业化。之后,美国设计师西内尔也开办了自己的设计事务所……

这一时期,"工业设计"成了炙手可热的新名词,尤其突出"工业"二字,是为了超越"手工艺设计"。设计,在本质上与生产有割不断的密切关系,但这时的设计师已不直接生产产品,他们的职责是思考、分析、综合市场需求、消费特征、价格标准、客户意向;研究产品的人机工程因素、材料与技术因素;通过制作模型或绘制预想图,把自己的设计方案提交给客户(厂商)。设计师的工作过程,是把客户的要求具体化、形象化、精细化,设计出产品款式;同时还保证设计能大规模地投入生产并创造价值。

所谓职业设计师,就是机械化生产过程中以设计为专门职业的设计个体或集团,当时特定的含义仅指"工业设计师"。这一名称作为一种社会角色登台亮相,最早是从英国开始的。但真正具有工业设计意义的职业设计师产生于美国。20世纪30年代美国的高度资本化,迎来了产业界的极度繁荣。轻金属、塑料、纤维、合成板、有机玻璃等新兴材料的广泛应用,新的工业产品被不断制造出来。随之而起的销售竞争也越来越激烈,商业广告极大地促进商品的更新换代,产品的设计也开始繁荣起来。自从1919

年美国设计家乔赛夫·沙依奈开始使用"工业设计"这一名称，"工业设计师"就成为时代的代名词。比如，设计师诺尔曼·贝尔·盖戴斯、沃尔塔·提格、雷蒙德·罗威等都曾在 20 世纪 20 年代开办了工业设计事务所。又如，蒂克是印刷设计师、留列·盖尔德是广告设计师、亨利·德里夫斯是舞台设计师等，他们都是产生在美国的第一代工业设计师。

这批以自由设计师的身份展开设计工作的全能型设计师，其设计的内容非常广泛，"从火柴盒到摩天大楼""从口红到火车头"，可谓五花八门。

其中最典型的当推雷蒙德·罗威（Raymond Loewy，1893—1986），如图 4-3 为他本人及其设计的作品，他设计的可口可乐玻璃瓶和企业标志非常出名（见图 4-4），他甚至还设计过航空航天器等，创造了一个崭新的工业品世界。他是美国名声最大、影响最深远的一位职业设计师。

图 4-3　雷蒙德设计的巴士

图 4-4　雷蒙德设计的可口可乐玻璃瓶

　　这批职业设计师,大多属于以设计为职业的自由职业者,是在产业之外以群体或个体的形式开设的、各自独立的设计事务所、工作室、设计公司,以及受聘于这一类机构中的专业设计成员。

　　除此之外,还有一些诸如专门从事产品设计、视觉传达设计、环境设计等职业工作的"驻厂设计师",他们对工厂企业的程序、方针理解得比较朴实、透彻,完成设计任务相对比较顺利、有效;自由职业设计师,相对具有广阔的视野和丰富的经验,设计风格新颖活泼。两者互补,形成职业设计师队伍的深层发展。他们在各自的岗位上,利用现代产业的生产机构,创造了现代社会的新造型、新形式。

二、设计师的分类研究

(一)横向分类

　　横向上,设计师可分为视觉传达设计师、产品设计师、环境设计师、企业设计师和职业设计师五种。

　　(1)视觉传达设计师,最早是由著名书籍设计师德威金斯(William Addiso Dwiggins,1880—1956)在 1922 年提出的,也称视觉设计师,是从事视觉传达设计的设计师。他的工作任务是设计、选择、编排最佳的视觉符号以充分、准确、快速地传达所要传达的信息。❶

(2)产品设计师,从第一个"制造工具的人"开始,已经走过了漫长的历史,是指从事产品设计的设计师,其工作职责和目标是设计实用、美观、经济的产品以满足人们的需要。

(3)环境设计师,从筑巢而居到摩天大楼开始,便从未停止过对环境设计的探索,环境设计师的工作职责是创造完整、美好、舒适宜人的活动空间。

(4)企业设计师,是指在工厂企业内专门从事产品设计、视觉设计及环境设计等工作的专业设计师,也称为驻厂设计师。

(5)职业设计师是指以群体或个体的形式创立的职业性设计公司、事务所或工作室,以及受雇于此类机构的专业设计师,属于自由职业者,也称为独立设计师或自由设计师。

(二)纵向分类

纵向上,设计师可分为总设计师、主管设计师、分管设计师、助理设计师四个层次。

1.总设计师

总设计师通常同时负责一个或一个以上的设计项目,主持或组织制定每一设计项目的总方案,确定设计的总目标、总计划、总基调,界定设计的总体要求和限制。对委托方负责,对外协调各种关系。

---

❶ 从远古欧非大陆洞窟里的岩画,古埃及和我国的象形文字,古罗马庞贝古城墙面上的商标、路牌广告遗迹,中世纪手抄本的彩饰,19世纪末的招贴画,到当代利用电脑多媒体及桌面出版系统进行的各类视觉传达设计,设计师的设计工具、材料与技术都有了巨大的飞跃,设计的领域也大为扩展。根据设计领域的不同,视觉设计师还可细分为广告设计师、招贴设计师、包装设计师、书籍装帧设计师、标志设计师、影视设计师、动画片设计师、展示设计师、舞台设计师等。

2.主管设计师

主管设计师是指负责某一具体设计项目的设计师,也称主任设计师。其设计工作要对总设计师负责。

3.分管设计师

分管设计师主要负责设计项目中某一部分的设计工作,并就其设计工作要对主管设计师负责,协助主管设计师制定设计项目的整体方案、策略,并且负责组织实施其中某一部分的设计制作。

4.助理设计师

助理设计师主要协助设计师完成其负责部分的设计工作。

分类是相对的,犹如设计的分类,存在交叉和重叠。无论是哪一类设计师都面临着从事多种设计工作的可能。

设计的物质世界,是由设计师、设计作品(包括方案、成品)和使用者(包括方案接受者和成品的使用者)三者共同构成的一个整体。如果离开设计师,便没有了设计,也就不会有成品的存在,更谈不上使用者。因此设计品是设计师的作品,是设计师精神生产和物质生产相结合的一种社会产品的物质形式。设计不光体现艺术技巧和为了美观,设计是运用大脑去实现人的愿望,而且必须参考道德、生态等问题,设计师应该是一个复合型人才,在知识结构、个人修养等方面都有较高的层次。

第二节　设计师的社会责任

一、"以人为本"的设计理念

设计是运用科学技术创造人的生活和工作所需要的产品和

环境,并使人与产品、人与环境、人与社会相互和谐、相互协调,其核心是为"人"。人既具有生物性,也具有社会性,因此,"为人的设计"便拥有了双重含义。首先,是为满足衣、食、住、行等生存的需要,"为人的设计"最基本的表现形式是以设计品来适应人的生理特点,满足人的生理需求。因此,设计中充分考虑物质结构、处理造型功能与人生理特定的关系,是现代设计的一个立足点。其次,人类不断发展的生理需求,需要不断更新、开发新的设计品来满足这种需要。"为人的设计"还存在于创造物以引导需求的过程中,在满足需求的同时,具有前瞻性和引领时尚潮流的品位。

设计是最能够凸显人类文化特征的行为之一。在每个发展阶段,都有其文化语境,包括社会习俗传统、社会心理、价值体系、审美趣味等,都体现在人们的生活方式当中,体现在每个个体行为之中。这种语境也决定了设计行为,从设计师的价值观、审美观到设计作品的风格,都带有民族文化的烙印。现代设计不仅赋予人类生活以形式与秩序,影响和改变人们的生活方式乃至生活观念,同时也创造着文化。

为促进文化教育事业的发展,从教学设施、设备、教具到课本的设计;从育婴室、托儿所,直到博士后的课题,都有设计辅助的需要。在医疗和安全系统,家庭、工业、交通以及其他许多领域,都有设计师的参与和奉献,施予安全、适当的设计,可以大大提高现代人的生活质量、工作效率和增强安全幸福感;即使在医院里,包括各种医疗诊断设备的设计、发明与改进,从小小的体温计到高科技的激光治疗仪和人工器官等,也不能缺少高质量的设计。

设计的核心是以人为本。但它不是为了满足一小部分人,而应将服务对象推及社会的各领域。

二、创造健康的生活方式

设计出适销对路的产品就是设计师的社会职责,这是其一。设计师受企业委托进行设计,为了能够给企业带来效益,如果产品销不出去,就会造成人力和物力的浪费。这个观点本身没错,但倘若产品到了消费者手里,却不能给消费者带来应有的好处,甚至损害了消费者或其他社会大众的利益,设计师便负有不可推卸的责任。

"合理的生存方式"作为动态的变量体系,是衡量设计目的的原则,它受不同时期的社会状况和审美标准影响。现代设计要求创造健康的生活方式,这体现了进一步发展提高的意义。可见,人类文明发展的无限性,决定了设计目的的相对和有限。但这也为人类永恒的创造活动提供了丰富的资源。

人所具备的双重属性,在共同建构的整体系统中实现着微妙的平衡。这种平衡过程,影响了作为群体存在的物体的风格特征。当现代主义本着"功能第一,形式第二"的设计原则为世界创造了无数的产品与建筑时,它所标榜的"国际化"和"标准化"带来的异化现象,也打破了人类追求物质与精神互为平衡的要求,使人们在心理上产生了排斥、抵触和失落的情绪,而人类与生俱来的对艺术、传统、装饰、民族等因素的关爱,因而,设计仍将不断前行。这是设计自身受社会环境条件及人类精神需求的影响产生的平衡选择,也是设计目的顺应时代特征的变化形式。

三、创造绿色的社会境界

(一)为可持续发展提供支持

首先,和谐的境界体现在人类对自身与自然、环境生态关系的认识上。自工业革命以来,科学技术的进步使人类的物质生活有了极大的改善,工业与设计在很大程度上使人类生存条件得到改善,与此同时,也在以空前的规模破坏着人类赖以生存的地球空间,现代人与自然关系的和谐相处问题频发,形成了温室效应,资源枯竭、臭氧层的破坏,噪声污染、垃圾污染、水污染、植被锐减等诸多环境问题,给人类的生存及发展造成了严重威胁。于是出现了"可持续发展"的命题,并已成为人类能否在地球上长治久安的严峻挑战。设计师应该为人类的可持续发展作出贡献,这是社会赋予设计师的历史使命。这些概念看起来似乎很抽象、空泛,然而这恰恰是设计师首先应该具备的、最基本的职业素质的基础。

(二)弘扬"绿色设计"理念

20世纪末,"绿色设计"与"4R"理念(属于一种设计方法),正式在世界范围内被提出,并迅速在现代设计领域得以重视和实施。"4R"是由英文Recovery(回收)、Recycle(再循环)、Reuse(再利用)和Reduce(减量)四个词的第一个字母组合而成的,"4R"构成了现代环保设计的内涵之一,是在设计中充分考虑产品原料的特性和产品各部分零件容易拆卸,使产品废弃时能将其材料或未损坏的零部件进行回收、再循环或再利用。"减量"的含义是在设计开发之初,尽量减少资源的使用量,将生产产品所需材料降到最低限度。这个理念是以环境和环境资源保护为核心,以保护人类生态环境,维护人类身体健康为目的的设计理念及行为。

(三)提倡"人性化"的设计

创造一个绿色与和谐的社会境界还体现在提倡"人性化"的设计。这是一种注重人性需求的设计,又称为人本主义设计。"人性化"的设计要求设计师在设计中,首先考虑人的因素,如人机关系、消费者的需求动机、使用环境对人的影响等。使人和产品有良好的、适合的互动关系。

"人性化"设计的核心思想就是要充分符合人性要求,尊重使用者的人格和身心需要,使人的生活更加便利、舒适和体面。人本主义设计不仅有助于实现产品价值的提高,还有助于人的人性和人格的提高和完善,促进人的社会化和社会的现代化。

第三节　设计师的素养与技能

一、设计师的素养与素质结构

设计是一门特殊的艺术，设计师必须是一个具有特殊知识技能的从事创造性活动的主体。设计师在设计特殊生产领域中，具有与一般生产者不同的特点。与精神生产者❶很不一样，不具备设计专业知识和技能的生产者，只能用文字和语言来描述其想法和意图。设计师，既需要以美的物质形式传达情感，也要具有一种驾驭使用者，使之适宜、愉悦的策划意识，更需要设计的精神方案与物质生产流程、材料工艺、操作技术的密切结合。

设计师肩负着崇高的职责和使命，也使设计师自身的素质与能力越来越得到重视和强调，设计师的知识机构正在向智慧型、文化型和综合型发展。

设计师的基本素质中，观察力、想象力、记忆力和思维能力是最重要的组成部分。无论是来自先天的禀赋，还是后天的修养，都支配着设计师创造性才能的发挥。设计师的能力素质主要包含以下几个方面的要求：

（1）"基本能力"要求，即接受和综合新思想的能力、自我提高和探索的能力、群体智慧与设计管理的能力以及解决专业设计的实践能力。

（2）"行动能力"要求，包括表现能力、解析能力、判断能力、行为调整能力以及使自身素质能力能够舒展的综合能力。

---

❶　如画家、音乐家，是通过丰富的情感和敏锐的感觉，用艺术手段进行思想交流的，是一种纯精神形态的生产方式。

（3）创新精神的培养，在科技以人为本成为时尚、艺术与科学相互交融成为世界性潮流的今天，设计师的创新精神既要具备在科学中求实，在怀疑中批判，还需要独立自主的品格，培养好奇心、开发想象力，以及拓展知觉、感悟、灵感等艺术思维。但创新设计远不止在于形式，而在于引导市场消费，提升人们的生活品质。就工业设计而言，如果创新设计仅被视为实用美术，产品设计仅限于造型设计，是无法真正满足用户要求的。设计必须与生活紧密联系，设计师的创意价值也需要靠市场经济效益来实现。然而，设计师也不能完全被市场和经济所控制，因为经济走向在某种程度上会限制创新能力的发挥，设计师要利用好施展空间，在兼顾经济的前提下发挥自己的创新精神（见图4-5）。

图 4-5　优盘的创新设计

（4）其他素质的拓展，包括驾驭市场的能力和敬业精神的坚守两个方面。其一，驾驭市场的能力。在市场开发中，设计的目标是指向未来的。因此，作为一个优秀的现代设计师，应该随时关注市场的需求及变化，培养自己调查研究和科学预测的能力。设计师在新产品开发中科学方法的运用，促使市场调查有目的、有计划、有系统地深入进行。收集整理有关市场活动的各种情报资料,并对其进行思考、分析和论证,从而为实现企业市场营销决策、营销目标提供有力的科学根据。其二,敬业精神的坚守。设计师的职业素养要求在日常生活中多看、多问、多思考,养成追根究底、探求事物的内在奥秘的职业习惯。这就使他能通过一件普通的小事,溯本求源,运用某一事物的基本原理而演绎成为意义深远、概念新奇的现代设计,并能在实践中得以应用。即使遇到有一定难度的设计课题,也要认真总结、用心思考、最终达到理想的效果,这是设计师应有的敬业精神。

在设计师的素质中,一种既来源于先天素质又可得益于后天培养,并且是设计师的根本能力素质所在的就是——创造能力。设计的过程就是创造的过程,想象是创造的开始;观察和感受是创造的基础;突破和创新,往往是创新累积和长久思考的灵感闪光。

二、设计师自然与社会学科知识技能

设计不是纯艺术,也不是纯自然科学或社会科学,而是多种学科高度交叉的综合型学科。工业革命以前,艺术的知识技能是设计师才能的主要构成部分,大量艺术家从事设计工作。工业化时代以来,特别是随着信息化时代的来临,自然科学与社会学知识技能在设计师的能力培养中逐渐占据了重要的位置。而电脑技术在设计领域的广泛应用,现已成为贯穿设计师设计思维与创作的全部过程。

现代设计师的知识技能,主要是通过后天的大量经验积累和学习获得的。对于知识积淀要有坚定的信念;对于技能的追求也要有恒久的毅力。要成为一名合格的设计师,除了必须具备一定的素质能力外,还要拥有广博的知识和设计技能。

(一)自然学科知识技能

自然科学知识技能,包括物理学、材料学、行动学、思维科学等。

(1)设计物理学主要提供产品或环境设计师关于设计所需的力学、电学、热学、光学等知识,并指明设计怎样才能符合科学规律与原则,以保证设计的科学性与合理性。

(2)设计材料学可以使设计师了解各种材料的性能,熟悉各种材料的应用工艺,以便在设计中充分利用其特性之长,避免不足之处。

(3)人类行动学是把立足点放在人类心理学上进行研究。在设计应用上,它重视人类感情与心理因素。

(4)设计师理应对思维科学,特别是对创造性思维有一定的领悟和掌握,❶通过掌握创造性思维的形式、特征、表现与训练方法,进行科学的思维训练,从思维方法上养成创新的习惯,并贯彻于具体的设计实践中,以此突破固有的思维模式,培养其创新意识,提高创新能力,增强设计中的创造性。

(二)社会学科知识技能

设计是设计师的实践行为,不能停留在理论上,他应该广泛地参与到设计中。设计师除了要有设计实践技能和科技应用实践技能以外,还需要有较强的社会实践技能,包括较强的组织能力、处理各种公共关系的能力等。设计的调查、竞争,合同的签订、实施与完成,设计师与设计委托方、实施方、消费者以及设计师之间的合作、协调,设计事务所的设立、管理等,都是设计师的社会实践。其设计实践能力的高低,关乎其事业的成败。

(三)"两学"知识的综合应用

人的心理结构是由知(理性认识)、意(意志)、情(情感)三部分共同组成的。设计师从事设计的目标是建造一个可以让人类全面、自由与和谐发展的空间,就其自身而言,也必然要求具备自

---

❶ 心理学家巴特立特(Bartlett)认为:"思维本身就是一种高级、复杂的技能。"

然与社会学科方面的知识,具有广泛的修养和完整的知识结构系统。同时,由于现代设计的边缘学科性质,决定了设计师不仅要把握好现代设计的基本理论知识,还要对相关学科的综合知识进行把握,如自然学科中的物理学、材料学、人机工程学、人类行动学、生态学和仿生学等;社会学科中的社会学、思维学、创造美学、经济学、传播学、语言学、管理学、消费心理学、市场营销学等,如表 4-1 所示。

表 4-1　各专业设计师需掌握的自然、社会学科知识

类别名称	自然、社会科学知识的主要内容
视觉传达设计	视觉美学、符号学、视知觉心理学、创造学、思维科学、计算机知识、大学英语、专业外语、消费心理学、市场营销、传播学、民俗学、印刷学、生态学、语言学、广告法、合同法、商标法
产品造型设计	人机工程学、材料学、技术美学、设计物理学、科技史、仿生学、创造学、思维科学、计算机知识、人类行动学、大学英语、专业外语、民俗学、消费心理学、市场营销、生态学、价值工程学、产品语义学、市场学、管理学、设计伦理、合同法、标准化法规
环境设计	设计物理学、人机工程学、材料学、工程技术、工程管理、概预算、水电基础、环境心理学、园林学、科技史、创造学、思维科学、计算机知识、专业外语、民俗学、环境心理学、生态学、价值工程学、人类行动学、市场学、管理学、设计伦理、环境保护法、规划法、合同法、建筑法规

在表 4-1 的学科知识中,设计物理学使设计师了解力学、电学、光学、热学等方面的知识;材料学使设计师了解各种材料如金属、塑料、木材、石材、陶瓷、玻璃、化纤等性能与工艺方面的知识;人机工程学使设计师掌握人机尺度、比例,并与产品功能完美统一起来,是从事人性化设计最为重要的一个环节;生态学则使设计师更了解自然与环境之间协调关系的处理方法等。如果设计师为了掌握设计的经济规律,驾驭消费市场,制定设计策略,那么

消费心理学知识的了解也非常有必要；在设计最终实现其经济与
社会价值的过程中，市场营销学也是一个主要环节，这方面的知
识也是赢得市场、促使设计成功的重要因素。

　　虽然没有要求设计师成为各学科领域的专家，但必须能够运
用这些学科的研究成果，并在横向关联的融合中，成为实现综合
价值的通才。所以，设计师不是单纯的工程师、艺术家、市场专
家，其意义就在于综合诸家于一身，并往往能在某一特定时空范
围内，对这些专家起指导和协调的作用。

三、艺术与设计专业知识技能

　　设计师不是单纯的艺术家，但设计与艺术有着与生俱来的
"血缘"关系。

　　因此，设计师首先应该掌握艺术与设计的知识技能，从而塑
造具备"特殊艺术"含量的专业素质，这是设计师专业范畴中的重
要条件，包括理论基础知识、造型基础技能、设计表现技能、设计
实践技能等（见图 4-6）。

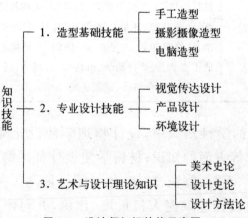

图 4-6　设计师知识技能示意图

表 4-2 各专业设计师需掌握的专业知识与技能

类别名称	艺术与设计理论	造型基础知识技能	专业设计知识技能
视觉传达设计	设计概论、美术设计概论、中外美术史、中外设计史、设计方法论、设计美学专业门类设计理论、设计策划与创意、广告学	设计素描、速写、设计色彩、设计构成、图形创意、装饰画、摄影、摄像、计算机辅助设计（Photoshop、Freehander、Page Maker、CorelDraw 3 ds MAX、After Effeets、Authorware、Premie、三维动画、网页）	广告设计、包装设计、展示设计、影视设计、数字图像设计、书籍装帧设计、插图设计、编排设计、舞台设计、字体设计、标志设计、CI设计、POP设计、网页设计、动画设计
产品造型设计	设计概论、工艺美术史、中外设计史、服装设计史、设计方法论、设计美学、专业门类设计理论、设计策划与创意、工艺学	设计素描、速写、设计色彩、设计构成、设计透视、工程制图、设计制图、计算机辅助设计（效果图、Photoshop、Free hander、PageMaker、CorelDraw 3ds MAX、After Effeets、Authorware、Premie、三维动画）	设计透视、工程制图、设计制图、计算机辅助设计（效果图、Photoshop、Free hander、PageMaker、CorelDraw 3ds MAX、After Effeets、Authorware、Premie、三维动画）
环境设计	环境设计概论、中外建筑史、中外设计史、设计方法论、设计美学、专业门类设计理论、设计策划与创意、建筑学	设计素描、速写、设计色彩、设计构成、设计透视、建筑制图、设计制图、计算机辅助设计（效果图、Photoshop、Free hander、PageMaker、CorelDraw 3ds MAX、After Effeets、Authorware、Premie、三维动画）	城市规划设计、建筑设计、室内设计、室外设计（景观设计、园林设计、公共设计）家具设计、壁画设计、照明设计、通风空调设计、环境展示设计

(一)理论基础知识

理论基础知识旨在解决设计观念和认识论问题，是设计师厚积学养、扩充内涵、增强可持续发展实力的知识资源,从中获取广泛有益的启迪与设计灵感。这些知识技能包括设计概论、美术设计概论、中外美术史、中外设计史、设计方法论、设计美学、设计策划与创意、广告学、工艺美术史、服装设计史、环境设计概论、中外建筑史以及各专业门类技法理论等多方面的理论知识。其中建筑作为"大艺术""大设计",对其他各种专业设计都有直接或间接的影响,如哥特式、洛可可式的家具设计都是由相同风格的建筑设计直接影响而来的。

(二)造型基础技能

造型基础技能是通向专业设计的桥梁,是以训练设计师的形态——空间认识能力、表现能力以及培养设计思维、设计表达为核心,乃至为设计表达与设计创造能力奠定了基础。它包括手工造型(含设计素描、色彩、速写、构成、制图和材料成型等)、摄影摄像造型和计算机辅助设计造型技能。尤其计算机造型,基础是一种现代技术基础——快速成型技术,即 RPM 技术,是设计师具体实现设计构思,并将其转换为制作生产现实的必需手段。

(1)设计的手工造型训练不同于传统的艺术造型训练,它包含设计素描、色彩、速写、构成、制图和材料成型等。

(2)摄影、摄像也是设计师所应该具备的技能。一种是资料性的摄影摄像,可为设计创作搜集大量资料;另一种是广告摄影摄像,其本身就是一种设计。

(3)计算机辅助设计,目前主要应用在以印刷制版行业常用的彩色桌面出版系统为工具的平面设计;以 3ds Max 系统三维软件为代表的三维立体形象设计;运用各种 CAD 软件进行的工程辅助设计,可以制作出想要的效果图。

多媒体技术,是由计算机将文字、图形、动画、声音多种媒体综合表现在一起的最新视觉技术,已被广泛应用于广告、电子出版、电影特技、家庭教育、网页等的设计制作中。虚拟现实是多媒体技术的又一新领域,它利用计算机图像处理与视觉技术,模拟出一个类似真实世界的人工环境。对于工业设计师来说,除了要熟练掌握 CAID 计算机辅助工业设计技术,还有必要对 CAM 计算机辅助制造乃至整个 CIMS 环境,即计算机综合产品制造系统有所了解,互相配合,才能更好地发挥 CAID 在现代工业制造体系中的积极作用。计算机技术还将为设计师带来更广阔的设计技术背景。在各种新技术不断涌现的今天,设计师要有不进则退的紧迫感。❶

(三)专业设计技能

设计师具备了造型基础技能之后,对其他各专业设计技能的学习和掌握也能够顺利进行。专业设计技能有视觉传达设计、广告设计、环境设计三大类。

各专业设计师的造型基础训练是大体相似的,但也存在着差别。各专业的相关学科也有所不同。各专业设计师在专业设计技能上也是"各有所长"的,这也是他们专业划分的依据所在。❷各专业设计技能的获得都必须经过对各种材料、工具的熟悉,基本技术、技巧的掌握,再结合具体的案例进行实践、提高和完善。各专业设计技能虽有不同,但界限没有那么分明,而是相互融合的。❸

(四)设计表现技能

设计表现技能是设计师依靠它进入设计过程中运用的技巧、技术、艺术手段的总和,是设计师成就事业的关键。它包括视觉传达设计、产品造型设计和环境设计技能,具体来说,又包括影视

---

❶ 李晓莹,张艳霞.设计概论[M].北京:北京理工大学出版社,2009.
❷ 如视觉传达设计师的专业技能主要在于设计、选择最佳视觉符号以充分准确地传达所需传达的信息;产品设计师的专业技能主要是决定产品的材料、结构、形态、色彩和表面装饰等;环境设计师的专业技能主要是决定一定空间内环境各要素的位置、形状、色彩、材料、结构等。
❸ 例如,工业设计就深受建筑设计的影响,展示设计则综合了多种设计技能。因而,设计师不能局限于一隅,而是要更多、更广泛地接触及融合其他设计领域。

广告设计、平面广告设计、包装结构设计、包装装潢设计、包装容器设计、CI 设计与策划、服装设计、家具设计、室内设计、城市规划设计、园林景观设计、建筑设计、公共设计、材料工艺、生产成型工艺、表面处理技术、机械学和制图学等，如表 4-2 所示。

(五)设计实践技能

设计必须通过大量实践才能实现。因此,设计师必须掌握基本的手工电脑和机械加工操作技能,熟悉从塑料工艺到金属加工等一系列的产品加工技术、生产程序及其特点,并且从中获得知识。从环境设计的材料选择到装修技术施工,把握室内外公共场所的空间装饰到通风、照明各环节实际技能和具体操作步骤。从视觉传达设计的市场调查到各领域设计的实践,如包装材料、装饰到成型、广告设计的立体造型到"POP"立体制作实践,电脑喷绘制作实践等,都是设计师必须掌握的一种实践技能。

设计各专业的专业知识与技能,只有通过不断实践和磨炼才能更加完善。各专业的知识与技能虽然有差异,但都是相通的,许多方面互相渗透,没有明显的界限。因此,现代设计师必须灵活掌握这些专业知识与设计技能,做到举一反三、触类旁通,从而达到兼收并蓄、融会贯通的境界。

第四节　设计师的培养——设计教育

一、中国设计师的培养:中国设计教育

(一)现代设计教育的启蒙和发展

中国设计教育最早启蒙于 19 世纪下半叶,晚清新式教育中工农两科的教学包括了工艺教育内容。1902 年,在南京,中国第

一所高等师范学校"两江师范学堂"开设图画手工课,1906 年设图画手工科,开设绘画、透视、手工、材料工艺以及中国画、西洋画、平面图学、立体几何画、透视画、手工、纸工、编造、竹、木、金工、泥工、漆工等科目(见图 4-7)。

图 4-7　两江师范学堂

20 世纪二三十年代,从日本和西方学成回国的人带回了西方现代设计思想和教育体系。1920 年后,国立北平大学艺术学院手工师范科、上海美专工艺图案科、四川省立艺术学校应用艺术科相继成立,这些教育科系成为中国现代设计教育的先声。

20 世纪 50 年代,1956 年国家成立中央工艺美术学院(见图 4-8),由中央美术学院实用美术系、清华大学营建系和中央美术学院华东分院图案系合并组成。同时期,浙江美术学院、四川美术学院、广州美术学院、南京艺术学院也设立工艺美术专业。这些学校为中国培养了大量设计人才。当时处于计划经济体制下,设计的作品主要以政府建筑和室外装饰、政治宣传和少量轻工业产品为主。

图 4-8　　中央工艺美术学院旧址

(二)现代设计教育的普及和演变

1977 年中央工艺美院成立工业美术系(现工业设计系的前身),建立中国最早的工业产品设计专业。1982 年湖南大学成立工业设计系,是综合性院校中成立的第一个工业设计系。20 世纪 80 年代后,国内近百所院校开始建立或筹划工艺美术、装潢设计、环境设计等专业,20 世纪 90 年代这个数量达到高峰。

今天,中国重点设计院校显示出各自的特点:一是北京地区院校,以中央美术学院和清华大学美术学院为代表;二是重点设计院校,如中国美术学院、广州美术学院、西安美术学院、四川美术学院等;三是其他较重要的专业设计院校,如山东工艺美术学院、北京服装学院、深圳大学艺术与设计学院、武汉理工大学艺术与设计学院。

1.北京地区院校

(1)中央美术学院

中央美术学院是中国乃至世界著名的美术学府,成为中国美术院校的代表,为中国美术教育作出了巨大的贡献。中央美术学院的首任院长是著名美术家、美术教育家徐悲鸿先生。中央美术学院的前身为 1918 年 4 月创办的国立北京美术学校,1950 年 4

月正式成立中央美术学院,1953年增设雕塑创作室、附属中等美术学校。中央美术学院有着浓厚的艺术积淀,浓郁的艺术氛围,这是中央美术学院的优势,这些都有助于学生开启创造力,释放和发展想象力。中央美术学院设计学院成立之初,就率先在设计基础教育领域里进行改革,在近年招生规模稳定之后,基础课程形成了自己不同于其他学院的特色。

(2)清华大学美术学院

清华大学美术学院,其前身是中央工艺美术学院,创建于1956年。1958年,创办当时唯一的工艺美术综合性学术刊物《装饰》杂志。1983年,在全国率先成立工艺美术史论系,该专业成为国内唯一的博士点。1984年,在全国率先建立工业设计系和服装设计系。1999年,中央工艺美术学院正式并入清华大学,更名为清华大学美术学院,目前是中国艺术院校中实力最强影响最大的设计学院,也是中国唯一连续三次入围"世界60佳设计学院"的院校,曾位居"世界最佳设计学院"第7名。

2.地方重点设计院校

重点设计院校,如中国美术学院、广州美术学院、西安美术学院、四川美术学院等,这些院校也各有其特点。

(1)中国美术学院

中国美术学院以国画等中国传统艺术为主要学科,兼顾发展设计学科。中国美术学院以弘扬民族文化,融合中西艺术,以时代艺术为办学宗旨。其设计艺术极具民族特色。学院是中国绝大部分美术运动的策源地。中国美术学院设计艺术学院应追溯至国力艺术院的图案系。该院拥有染织与服装设计研究院和工业设计研究厦端研究机构,在设计历史与理论研究、设计艺术实践与方法研究、设计色彩与城市规划研究等领域达到国内国际水平。

(2)广州美术学院

广州美术学院是华南地区唯一的高等美术学府。2004年正名为设计学院,至今设计学科已有 27 年研究生层次教育的历史。"设计""工业设计"是教育部确定的国家级特色专业。我国高等设计教育所发生的若干重大变革,都与广州美术学院设计学科的动态联系在一起。

(3)四川美术学院

四川美术学院是西南地区唯一的高等美术专业院校,已有 70 年的办学历史。现设有三个本科专业及硕士学位研究生学科点。该院具有美术学和设计艺术学硕士学位授予权,下设有 19 个硕士学位学科方向。设计艺术学为省级重点学科,其中装潢设计为重点学科的优势特色学科。

3.其他较重要的专业设计院校

其他较重要的专业设计院校,如山东工艺美术学院、北京服装学院、深圳大学艺术与设计学院、武汉理工大学艺术与设计学院,其院校情况具体可见表 4-3。

表 4-3　其他较重要的专业设计院校

院校名称	设计教育情况
山东工艺美术学院	是我国独立建制的 31 所普通高等艺术院校之一,是中国唯一一所设计类高等院校,保持手工艺传统设计为主,在校设计系学生数量庞大,其学科设置几乎涵盖了所有设计学科
深圳大学艺术与设计学院	创建于 1997 年 11 月,设有品牌设计与开发研究所,它是深圳大学艺术与设计学院管理下的、以设计专家为骨干,其他学科专家共同参与的研究机构
武汉理工大学艺术与设计学院	设有工业设计系、环境设计系、视觉传播艺术系、动画系、数码设计艺术系、设计学系和艺术课部

中国设计教育整体状况表现为:美术类、综合性和师范院校注重艺术素质和技能的训练,学生的艺术表现力强、审美能力较强,但理工科教学不足,文化课学习较薄弱(平面、环艺、视觉、广告、动画等专业)。而理工类院校学生艺术素质、艺术表现力相对

薄弱,而文化课、理工学习能力较强(建筑、市政规划、包装工程、服装工程专业)。

二、发展与演变:西方现代设计教育

国外现代设计教育的产生可以说很大程度上源于工业革命,机械化取代手工业,行会制度和手工作坊转向现代工厂,设计与制造的分离最终导致了职业设计的产生和现代设计教育的出现。多数西方国家的设计教育在发展初期是在美术学院的基础之上建立起来的。

(一)英国皇家艺术学院与设计教育

英国在 1860 年前后建立工艺学校,日后发展为伦敦皇家艺术学院。皇家艺术学院开设以下学科:生产设计学科、造型艺术学科、人文科学等。皇家艺术学院与英国皇家科学院、音乐学院、艺术博物馆、科学博物馆有着密切联系,在校研究生除学习本专业课程之外,还要学习自然科学、数学、哲学、文学、历史、语言等学科专业的课程。

英国皇家艺术学院的办学特点在于:首先,不脱离传统造型艺术,造型艺术是设计的基础——是对手和眼的训练,对人知觉的规律、材料的本质、材料成型的规律以及对世界和人的生存条件的认识具有重要作用;其次,重视艺术与技术的关系,招收工程技术人员,与商贸、工业部门建立联系,重视设计在市场中的作用;另外,较好地处理了设计与艺术、设计和技术的关系。

(二)包豪斯与设计教育

1919 年,格罗皮乌斯在德国魏玛建立包豪斯学校,这所学院办学的宗旨是创建一个艺术与技术接轨的教育环境,培养出适合于机械时代理想的现代设计人才,创立一种全新的设计教育模式,倡导一切艺术转向实用美术。包豪斯宣言中尽管强调的还是英国"艺术与手工艺"运动（Arts&Crafts）的内容，但是事实上包豪斯进行了史无前例的设计教育大改革。在包豪斯教学体系的创建中，提出"艺术与技术的新统一"，其内容包括：自由创造、反对模仿和墨守成规；手工艺和机器生产相结合，既掌握手工技术又了解机器生产；基础课训练（平面、立体、色彩等的研究独立出来进行，形成"基础课"教学体系）；实际动手能力与理论素质；设计教育和实际生产相结合等。

包豪斯认识到工业文明是社会发展的潮流，是运用技术和知识创造物质文明和精神文明的新环境。它的目的是要培养未来社会的建设者，它打破了"纯艺术"和"实用艺术"分割的界限，开创了"集体创造"的先河。开始了"艺术"与"工业"的结合，将机械作为设计和制造的工具，并开创了"双轨制"教学，最终发展出了现代主义的设计风格并影响了全世界的设计发展走向。

（三）乌尔姆学院设计与设计教育

乌尔姆设计学院于 1953—1969 年成立。这所学院一直到 1955 年才正式招生，逐步成为德国功能主义、新理性主义和构成主义设计的中心。它开创了设计学科对科学的研究，如将人机工学、技术科学、方法论、工业技术等引入设计教学。它将现代设计（工业、建筑、室内、平面）移入到科学技术方向，使设计学成为理工学科。它提出用理性思想指导设计活动的理念，从而使理论与实践、科学研究与形态造型之间达到平衡。乌尔姆学院注意增加理论课程，确立了理性与社会化的设计教育原则，即将视觉方法论、符号理论、传达技法、传播技术等理性思维纳入设计教学。

乌尔姆设计学院的最大贡献在于它现代设计——包括工业产品设计、建筑设计、室内设计、平面设计等，从以前似是而非的艺术、技术之间的摆动立场，完全地、坚决地转移到科学技术的基础上，坚定地从科学技术方向来培养设计人员，设计在这所学院内成为单纯的理工学科。因而，促使了设计的系统化、模数化、多学科交叉化的发展。

(四)罗德岛设计学院与设计教育

罗德岛设计学院(亦称 RISD)位于美国最小的州——罗德岛的帕维敦斯市,是美国艺术与设计学院的先驱。该校创建于 1877年 3 月 22 日,至今已有 125 年的悠久历史,是美国名列前茅且享誉全球的著名设计大学。罗德岛设计学院提供 19 个系所让学生们选择适合自己的专业去攻读。热门的科系有:建筑、平面设计、插图设计等。学院十分注重学生的基本功训练,入学后第一年的基础课程里,学校要求学生修读设计课程,如平面设计、立体设计、素描、手绘等。罗德岛设计学院注重手工实作,训练学生扎实的基本功与洗练的设计风格。

第五章 | 设计的批评

设计批评是对创作者及其欣赏者直接起作用,而又基于一定的理论指导的一种实践性活动,它自身有着与设计作品本身的价值创作所区别的价值,是整个设计体系的有机组成部分。设计批评是沟通设计师与受众的一个重要环节。设计师创作的设计产品引起了设计批评,反过来,设计批评对设计创作又有激励作用,设计批评是设计创作的反馈矫正机制,是消费者设计产品的指导,是鼓励引导受众参与设计创作的"触发器"。

第一节　设计批评的主体与对象

一、设计批评的主体

(一)定位与作用:职业批评家

1.职业批评家的定位

所谓职业批评家,即专业的艺术批评家,是指具有渊博的专业知识、精深的艺术修养、独到的艺术见解、敏锐的艺术判断力和良好的职业道德品质的专业艺术批评人士。他们大多接受过正规的专业教育,有着深厚扎实的艺术史及相关的文化史、哲学史、美学史等功底,他们具有高度的严肃性和绝对的真诚,分析问题有据可依、有章可循、思维透彻，言辞令人信服。职业艺术家需要具备以下条件才能真正地被称为专业批评家。

（1）职业批评家要有高超的美学欣赏技巧、丰富的艺术知识和艺术审美经验。

（2）批评家要熟悉人类艺术史上曾经出现过的杰出的艺术作品，并且能够知道它们的思想内涵。

（3）艺术中存在着千差万别的艺术种类，要熟悉各艺术流派的艺术思想，以及与艺术家有关的社会背景、审美理想、知识结构等增强的审美能力。

2.职业批评家的作用

职业批评家的作用表现在以下几个方面：

首先，职业批评家是正统的、一流的批评家，他们影响着艺术发展趋势。

其次，职业批评家的优秀批评影响着艺术理论的形成和发展。

再次，优秀的艺术批评对推动艺术创作的发展有着不可估量的作用。

最后，由于批评家们各自立场有所不同，对艺术批评的理解也有着各自不同的观点，这样容易形成学术氛围，带动艺术的发展。❶

3.中西方著名的批评家及著作

历史上有大量批评家，创作了不少批评著作。

（1）我国著名批评家及其著作

我国的著名学者王国维说："天下有最神圣、最尊贵而无与于

---

❶ 刘骁纯认为："只有在一种成熟的批评观的指导下，才可能有真正意义上的批评。而批评观的形成需要批评者经历一个从自我解构到自我建构的过程，批评观的形成和发展是一个不断自我批评的过程。没有自我批评便没有自我解构，没有自我解构便没有自我建构，没有自我建构便没有真正意义上的批评。"

当世之用者,哲学与美术是也。"❶唐代艺术史家张彦远的著作《历代名画记》中不但详细记录了画家生平、艺术作品和风格,其中还有引述和评论。❷ 南齐批评家谢赫,在其《古画品录》中共评价了自三国以来、两晋南朝宋齐时期的 17 位画家。他还提出著名的"六法论",中国绘画史上第一位系统提出绘画六法,并以之作为画评标准的谢赫在其《古画品录》中对绝大多数画家画作的品评都以六法为评价标准。卫协为"六法之中,迨为兼善";"顾骏之赋彩制形,皆创新意。"而独于第一品中第一人的陆探微,仅言其画能"穷理尽性,事绝言象。包前孕后,古今独立。非复激扬所能称赞。但价重之极,于上上品之外,无他寄言。故屈标第一等"❸。

　　艺术家各种批评方式的根本要旨在于维护审美体验的完整性。无论是中西方古代,还是当今的艺术批评,都是要注意的问题。

　　近几年,中国出现了不少职业批评家。女性艺术批评家徐虹、佟玉洁;北京的朱青生、冯博一;南京的陈孝信;深圳的吴鸿;湖北的彭德、皮道坚、鲁虹、孙振华;四川的王林、吕澎;云南的管郁达以及西安的理论家和艺术家郭线庐、郭北平、张立柱、陈云岗、韩宝生、胡武功、王炎林、焦野、张渝、程征、赵农、巩志明、岳路平等。他们的出现,对于我国艺术批评界来说象征着新的希望和未来。

　　(2)西方著名批评家及其著作

　　中世纪,托马斯·阿奎那有了最接近于近代的"审美直觉"概念的表述:"各种事物能使人一见而生快感即称为美。"❹17 世纪

---

　　❶　王国维.王国维文集[M].北京:中国文史出版社,1997.
　　❷　"大凡对中国艺术史稍有常识的人都知道,作为一种相对成熟的理论形态,中国的艺术批评大约始于魏晋南北朝时期,而那正是一个'文的自觉'的时代。对于曹丕推动文学走向本体自觉的功绩,鲁迅曾给予高度评价'他说诗赋不必寓教训',反对那些寓训勉于诗赋的见解,用近代的文学眼光来看,曹丕的那个时代可说是'文学的自觉'时代,或如近代所说为艺术而艺术的一派。"
　　❸　沈子成.历代论画名著汇编[M].北京:文物出版社,1982.
　　❹　伍蠡甫.西方文论选(上)[M].上海:上海译文出版社,1979.

的夏夫兹博里在理性和经验之外开辟了直觉美学的道路。他断言一切美都是真,"真"即世界内在的理智结构,它无法通过概念、判断、推理去把握,也不能从经验的归纳综合中获取,而只能凭直觉去感受领悟。❶又如,意大利著名艺术批评家里奥奈罗·文杜里在《艺术批评史》中坚持艺术批评应以符合美感要求的基本原则对艺术作品进行批评。

(二)艺术批评家

1.艺术批评家的定位

艺术家批评家,顾名思义,就是由艺术家组成的一类批评家。他们既从事艺术创作,又进行艺术批评;既对绘画技巧方面感悟至深,又精通艺术史,对于绘画理论、画家生平及其修养,尤其是绘画风格演变过程有着清晰深刻的认识,能对自己或他人的艺术创作、艺术作品等进行分析、评估、鉴别、界定。所以,他们从事艺术批评往往更多地从艺术作品本身去分析艺术现象。中外艺术史上不少人既是艺术家又是艺术家批评者。实际上,艺术家在从创作构想到表达成功的整个过程中,都会有意或无意地运用一定的批评标准、批评方法对自我创作行为进行规范和调整。从某种意义上讲,艺术家的创作过程,也是艺术批评理论的参与实践过程。

2.石涛

明朝画家石涛,他所作山水、花鸟、人物、走兽无不精擅且富有新意,尤以山水画名重天下,如图 5-1 所示。他不但艺术风格恣肆洒脱,被称为"清初四僧"之一,还在理论上自成体系。他主张

---

❶ "眼睛一看到形状,耳朵一听到声音,就立刻认识到美、秀雅与和谐。行动一经察觉,人类的感动和情欲一经辨认出。它们大半是一经感觉到就可辨认出,也就由一种内在的眼睛分辨出什么是美好端正的、可爱可赏的,什么是丑陋恶劣的、可恶可鄙的。"([英]夏夫兹博里.道德家.北京:人民文学出版社,1987.)

要"搜尽奇峰打草稿",还提出了"一画"论,撰写了著名的《苦瓜和尚画语录》。他的艺术主张和绘画实践对后世产生了重要影响,也为中国画向近现代的发展作出重要贡献。❶ 石涛的自创新法、自标新格呼声是对传统观念的一种巨大挑战。他的绘画或是言论都一直在强调艺术家和艺术品评家要强调其中的艺术特色,要有自己的语言,"纵使笔不笔,墨不墨,画不画,自有我在。"

图 5-1　莲社图

通常说来,艺术家在自己喜好的某一艺术门类中有着深入与独特的研究。

(三)大众批评家

大众批评家就是指对艺术作品发表意见、作出评估和界定的

---

❶　石涛的主张和实践使画家重新面向生活,师法自然,为开创新的纪元奠定了基础,在艺术家和批评家之间形成了具有某些共同性的审美趣味和品评标准。其中的关键人物,即是艺术家和批评家,他们的活动成为艺术规范变化过程中最为活跃的因素。在艺术规范的变动中,艺术家对于以往规范的偏离具有主动性。石涛云:"夫画天下变通之大法也。""至人无法,非无法也,无法而法,乃为至法。凡事有经必有权,有法必有化。一知其经,即变其权,一知其法,即工于化。"(石涛.苦瓜和尚画语录[M].历代论画名著汇编.北京:文物出版社,1982.)

一般大众。这类人数量众多,包括从事艺术品交易行业的业主和其他社会各界人士,所以他们的专业水平参差不齐。比如,某中学生在展览厅观看中国著名油画家詹建俊创作的油画《狼牙山五壮士》时说:"你们看,五个战士画成像山峰一样,我觉得很有坚强感……"而另一位艺术爱好者说:"巍峨重叠的高山、悬崖峭壁的险峻,悄然俯首于五壮士的脚下,使他们越发的高大;雄壮的身姿、庄严的神情,怒目于那贪婪矮小的敌人。栩栩如生的那大义凛然的、大无畏的英雄形象被生动地刻画出来了。"中学生和艺术爱好者的看法都是大众艺术批评。

大众批评家的文化素质、艺术修养、审美习惯等都存在着很大的差异,其中可能会有一些"滥竽充数"的人。这些人不具备前面两种批评家的任何一种专业学识,却妄图凭借他们的三寸不烂之舌与所谓的社会交际能力在艺术批评界占一席之地。通常就是这类"杂牌家",他们乐于充当艺术上的先锋,希望艺术家都在他所指引和限定的范畴内从事创作活动。这些批评家应该时常反躬自省,他的理论是否具备学术层面的价值与意义,是否经得起学术的考验,而不是一时哗众取宠,很快成为过眼烟云。之所以需要艺术理论的存在,其中最主要的原因在于它本身对现世的艺术创作有一定的指导意义。如果这类"杂牌家"在混淆视听,他们对艺术的妄加评论很有可能左右艺术品市场,这样对于现实艺术发展可不是一件好事。所以,每位评论家在说任何一个字的时候都应该反复斟酌。

大众批评家的批评也会在一定程度上影响到艺术的发展,因为大众批评家的批评能透视出该社会中大众的审美欲求和审美情趣,在一定程度上可以为艺术创作者提供思考,为艺术创作提供有益启示。所以,对于艺术发展而言,大众批评家的艺术批评也很重要。

二、设计批评的对象(客体)

设计批评的对象是设计产品,也可以是设计对象、设计师、设

计理论、设计使用者、设计欣赏者。在这里,设计批评的客体应该包括四个方面,即设计作品、设计师、设计现象、设计理论。

(一)设计作品

设计的所有价值归根到底要通过设计作品来承载和表现,所以,设计作品是设计价值的物质载体。以设计作品为批评对象,某种程度上保障了设计批评的科学性、可测性和客观性,避免了一种纯粹的、形而上的理论推想或感性比较。

(二)设计现象

设计现象是指设计在发展、变化中所表现出来的形态,即设计产品投放市场后所产生的一切积极的或消极的社会效应。设计现象的批评就是研究这些形态的内在联系性、普遍性、共同性和突出性,并进行社会意识形态批评、文化批评、艺术批评、社会学批评,以求得客观公正的价值判断。

(三)设计师

对设计师的批评,就是围绕人的社会属性、自然属性、思想观念、行为资源、行为方式、行为结果、价值意义等方面所进行的分析、判断、解释的活动。❶

(四)设计理论

设计批评不只是针对作品、现象和作者,同时,它的批评对象还包括设计理论与设计批评自身。从某种意义上说,关于设计批评与设计理论都是对于特定设计现象的理性思考。两者的关系是设

---

❶ 2007 年在南京举办的疾风迅雷——杉浦康平杂志设计的半个世纪的展览,在此次展览、讲座和相关书籍均对杉浦康平这位设计师的成长经历、设计成就、历史贡献进行了全面的批评介绍,使杉浦康平的知名度在国内进一步提高,对当代国内设计领域产生了不小的影响。在此,来自展览和媒介的批评显示了塑造价值典范、推广优秀人物、引导社会设计趋向的作用。

计理论指导设计批评,设计批评促进新的设计理论的生成,设计批评自身的发展也都需要批评。像王受之先生的《我们需要设计评论》的文章就是针对设计评论(即设计批评)发展问题的批评。

第二节　设计批评的方式与标准

一、设计批评的方式

(一)理论的方式

设计的理论批评是在理论研究的基础上专注于探讨某种理论体系、美学理论和意识形态的批评。作为理论批评,首先是意识形态批评,其次是历史批评。设计意识形态批评是一种导向性批评,是用严格的分析代替直观判断,论述制约形态的总体关领域。导向性批评通常是指设计分析或艺术分析,如以美学、语言学和符号学的理论进行的批评就属于导向性批评。历史性批评与设计史有着十分密切的关系,一般而言,设计史的使命在于三个方面:一是确定历史;二是解释意义;三是诠释演变和发展的原因。无论是工艺美术史还是现代设计史,无论其考古或文献如何丰富、如何齐全,在实质上,我们还是无法认识设计史的全貌。因此,设计史本身就有明显的倾向性,受意识形态的影响,也可以是一种设计批评。

(二)实践的方式

就设计批评的具体操作而言,其批评的标准和规范不是单向的,也就是说,不仅是设计批评家和设计师制定设计批评的标准和规范,设计批评的实践和设计实践反过来也会对设计批评的标准作出调整和修改。因此,设计批评的标准和规范不是先验的,而是在批评实践中产生的,结论是在批评实践之后,而不是批评实践之前。如面对一些不健康的营销理念和消费心理所带来的负面影响,使设计沦为商业主义的附庸,对此批评界人士提出批评,并倡导树立新的设计实践规范。

(三)应用的方式

应用批评又称实用批评,是批评的主要方法之一。它是与一般原理和普遍原则的"理论批评"相对应。其主要特点是将艺术原理和美学信念作为批评原则,应用于对具体设计者和设计作品的批评,它包括艺术批评和操作性批评。

操作性批评通常是指具有实用意义的设计的个案说明和比较分析,与设计的理论批评侧重于普遍性和一般性对应,即狭义的设计批评——设计评论,其特点在于批评的特殊性和个别性。如设计竞赛或投标的方案评选,或者专题评述等。

(四)博览会的方式

博览会这一批评形式的运作方式体现在以下几个方面:

(1)展品入选必须经过博览会展品评选团的专家认定,这便是一个审查批评的过程。

(2)在博览会期间和会后,展团的互评,观众的批评,主办机构的批评,各国政府官员的评论和报告,以及厂家及消费者的订货数量,反映出这种设计批评形式的广泛影响和独特作用。无论博览会成功与否,其社会效应总是直接的、超国界的,而且是多方面的。每一届国际博览会都有一个关注的焦点或争议的主题。这一系列频频举办的博览会除了推动设计批评和设计发展,同时有效地促进了各国工业化的竞争。

(五)比较的方式

用比较的方法获得知识和交流知识,在中西两种完全不同的思维文化概念中,通过比较的方式,可易于人们交流,接受新知,以宽广的比较视野研究两种或更多文化体系中的设计产品。世界文化体系之间有差异的存在,所以才能互相吸收、借鉴,并在比较中进一步发现自己。

(六)集团的方式

1.集团批评的内容

(1)审查批评

审查批评指的是设计方案的审查集团以消费者代表的身份对设计方案进行审查与评估,以及设计的投资方与设计方进行谈判磋商的过程。这种批评由特定集团承担,常常包括专家群体,投资方,政府主管部门,使用系统的主管甚至生产部门的代表。他们从消费者的角度,以市场的眼光对设计方案进行分析和综合审查,包括审查图纸、样品、模型以及试销效果。如果设计与消费者的需要发生冲突,则这一集团批评绝对是站在消费者的立场,要求对设计方案进行修正。当然,尽管审查批评者力求预见消费者的反馈,但有时也不尽如人意,因为审查集团未能成功地代表消费者的利益。

(2)集团购买

集团购买是指消费者表现为不同的购买群体,而每个群体都有其特定的行为、语言、时尚和传统,都有各自不同的消费需求。不同的消费群体即不同的文化群体,而各种市场的并存,正反映了不同文化群体的集团批评趋向。现代设计便是抓住了消费集团的群体特征并且有意地强化这些特征;消费者的集团购买则接受了这种对自己集团特征的概括与强调,同时反过来进一步巩固集团特征。男人绝对不会消费女性的服装,青年女性对中老年时装也不感兴趣。麦当劳快餐的主要消费者是少年儿童,它的设计就紧紧抓住儿童心理,在整套 CI 形象上,在销售策划上都将儿童特征突出、夸张,以吸引集团消费者。集团消费除了跟这个文化群体固有的特征有关,跟消费者的从众心理也有关系。集团是一个安全地带。

2.集团批评的特点

(1)消费者自我无意识的反映

集团批评是消费者自我无意识的反映。集团批评这一形式被公司的市场机构高度重视,他们所做的广告分析、市场定性、定量研究。都是以消费者的集团批评为研究框架,通过对个体意见的统计归纳,达到对集团特征最准确、最适时的把握,使自己的产品在设计更新上更好地迎合集团批评。事先了解集团批评是设计成功的基本条件。也就是说,产品必须主动地选择它的批评者,使自己跻身于特定的群体之中。譬如,一种新的饮料选择了年龄在 6~17 岁阶段的消费者,那么饮料的广告设计、包装设计、口味配方、货柜陈列、促销策略,都必须围绕这个集团的诉求点,针对它的心理特征、购买习惯、购买力、空间行动等特点来进行。20 世纪 60 年代以来,由于工业自动化程度的不断提高,大大增加了生产的灵活性,使小批量的多样化成为可能:大生产厂家采用了计算机辅助生产,在可编程控制器、机器人和可变生产系统的帮助下,设计可以在多样性和时尚方面下功夫,更好地满足集团购买的需求。计算机辅助设计也促进了设计多元化的繁荣,并且与集团批评者建立起更好的合作界面。至于现代主义设计,则是以大批量销售市场为前提的,因而它必须强调标准化,要求将消费者不同类型的行为和传统转换为固定的统一模式,并依赖一个庞大均匀的市场;其设计的指导思想是使产品能够适用于任何人,但结果往往事与愿违,反而不适于任何人。20 世纪 60 年代以来,均匀市场消失,面对各种各样的集团批评,设计只能以多样化战略来应付,并且有意识地向产品注入新的、强烈的文化因素。

(2)具有大量的文化因素

集团批评本身带有大量的文化因素。20 世纪 60 年代,对残疾人日常生活的关注成为社会舆论的一个主题,甚至是一个时髦的话题。1969 年出版的《设计》杂志有整整一期都在讨论这个设计题目,即所谓"残疾人设计"。残疾人是一个特殊的消费集团。从道德的角度出发,当时许多设计师都为他们作出了努力,并产生了不少优秀的设计作品,如残疾人国际标志,以及一系列专门适用于残疾人的日用品。比如,1974 年人机设计小组的两位设计师为有手疾的人设计的一种特殊的餐刀与切盘,使用方便而省力,深受残疾人的欢迎。

二、设计批评的标准

(一)设计批评标准的特性

1.批评标准的多样性

根据上述的设计批评体系可知,不同类型的设计各有其偏重,如产品设计特别强调技术,广告强调信息,室内装饰强调空间,包装设计强调保护功能等,然而,对于具体的某一设计而言,全面考虑其相应各项评估指标是十分必要的,单是满足一个或某几个评估系统并不能保证整个设计的成功。

例如,20 世纪 70 年代轰动全球的协和式飞机(Concorde)的设计,由英、法两国上千名飞机设计师和工程师用两年时间共同完成,它在功能上远远超过当时仅有的另一种超音速民用飞机——前苏联的图-144(Tupolev Tu-144),而审美上更是有口皆碑。但由于该飞机造价过高,仅生产了 16 架,便耗费英、法两国巨资 30 多亿美元。法国拥有 5 架,英国 6 架,还有 5 架卖不出去。协和式超音速飞机耗油量很大,同时由于噪音过大,许多国家,包括美国在内,都限定协和式飞机只能在海域上空飞行。总体而言,协和式飞机的工业价值相当之低。因此到了 2003 年 4 月 10 日,法国航空公司与英国航空公司同时宣布:将于当年的 10 月 31 号永久停止协和式超音速飞机的飞行。这个决定为协和式超音速飞机 27 年的商业运营历史画上了句号。

2.批评标准的二重性

对同一设计品的评价,由于批评者立足的差异,因此可能采取不同的尺度,如设计师强调创意,企业强调生产,商家强调市场,政府强调管理,然而标准的分离现象最典型的莫过于设计者与使用者参照标准的反差。

举一个引人注目的例子。1954 年,日本设计师山崎宾接受美国圣路易市的委托,设计一批低成本的廉价住宅,即著名的普鲁依特-艾戈(Pruitt-Igoe)住房工程。山崎宾为了表达对于现代主义精神的坚定立场,采用了典型的现代主义手法来设计这批九层楼高的建筑。这批住房在完成时备受好评,美国建筑学会的建筑专家给它评了一个设计奖,认为这项工程为未来低成本的住房建设提供了一个范本。然而与之相反的是,那些住在房子里的人们却感到它是一个彻底的失败。这个高层住房设计被证明不适合那些住户的生活方式:高高在上的父母无法照看在户外活动玩耍的孩子;公共洗手间安置不够,使大厅和电梯成了实际上的厕所;住房与人不相称的空间尺度,破坏了居民传统的社会关系,使得整个居住区内不文明与犯罪的活动泛滥成灾。后应居民的请求,政府终于在 1972 年决定拆毁这个建筑群。

普鲁依特-艾戈工程显示了住房在被居住之前,建筑专家们是怎样评价设计的(根据静止的视觉标准)和怎样认为它是成功的。普鲁依特-艾戈工程的居民则是根据住在房子里的感受,而不是仅从它的外表来形成自己的评价。在一个会议上,当问到居民们对这些被设计家们称颂备至的建筑有何感想时,居民的回答是:“拆了它!”美国在 20 世纪 60 年代中期建造了许多不成功的高层建筑街区,其失败集中表现了设计者与使用者的批评标准是如何不一致。由于运用效果图这种手段来确定设计,带来了制作和策划的分离,以及后来设计和使用的分离。这也造成了对设计进行评价的两种分离标准——设计者和产品使用者各自不同的标准。现代产品设计主要是依靠模型。模型能够进行更大规模的产品实验,并创造增进生产的可能性,但经常也会产生一个结果,即满足人们的需求方面出现偏差。自工业化后,全部产品设计都具有设计和制作严格分离的特征,因而也就不可避免地产生批评标准的二重性。

3.批评标准的转移性

设计批评的标准在其自然状态下,随时间的推移、社会的发展而不断地演化着。功能本来是具有共性、相对稳定的标准。然而,设计品的功能可能发生转移,同一设计会因时代的不同而满足不同的功能要求。❶

(二)设计批评的具体标准

1.实用

设计批评的实用标准也就是指设计的功能性,也称为实用价值。评价一件产品的设计是否优秀,首先就是考察其实用价值所在。实用功能决定了一个设计产品存在的根本价值,而实用功能又植根于人的需要。例如,第一种销售量超过百万件的产品"索涅特椅"(见图 5-2),它是奥地利设计师米歇尔·索涅特(Michael Thonet,1796—1871)试验用弯木与塑木新工艺生产的曲木家具。该产品作为咖啡馆椅在 1851 年伦敦大博览会上大获成功后,便从 1859 年开始由他设在摩拉维亚的工场批量生产,截至 20 世纪 30 年代已销售五千万件。❷ 又如,列桑德罗·贝基曾经设计的一套名为"ANFIBIO 054"的沙发床。20 世纪 70 年代到 90 年代,它的全球销售量达到了两万三千多个。当时的许多住宅都在为了空间的问题烦恼,而它的设计是以型钢做内部结构,床垫用不同厚度的聚氨酯泡沫塑料制成的,所以它材料轻而且容易打开或折

❶ John Heskett,Industrial Design,London:Thames&Hudson,1985,p.9.
❷ John Gloag, A Social History of Furniture Design, from B.C. 1300 to A.D. 1960,New York:Bonanza Books,1966,p.61.

叠。这些沙发床也被称为"海上救生圈",同时体现了它的人性化设计。可见,对于设计产品来说,设计的实用性特征是第一位的,装饰则处于次要地位。

图 5-2 索涅特椅子

2.艺术

设计就是借助人类艺术活动的规律,为冰冷的机器产物,赋予人的审美情趣,也可以说现代设计是艺术与生产的再结合。优秀设计无论是在对称、韵律、形体,还是色彩、材质、工艺等,凡是人们能够想到的审美法则,设计产品中都能相应地应用,其实就是实现艺术与科学的和谐统一。

3.生产

评价设计的优劣必须考察其生产的可行性,特别是与现实生产条件相匹配的可行性。因此,设计批评者必须懂得生产流程和技术原理,才能准确地判断一件设计方案是否具备可实施性,才能充分考察产品的生产是否有效地切合了当前生产力。

4.市场

市场是设计的"试金石",如果不遵循市场价值去从事设计,现代的设计就会日暮途穷。设计必须进入市场流通成为商品之后才能流入到大众的手中,通过人们使用的现实检验,设计才算真正完成。

5.文化

21世纪的全球设计战略是要突出设计的文化性,只有富含文化气息的设计才有竞争力,才能迎合人们的消费心理。设计文化就是设计产品和设计过程中所体现出的一个民族的历史文化的传承与发展,通过设计产品,我们能从中感知出一个民族的历史文化。设计产品可以成为一个民族文化的象征,只有包容民族文化的设计才能得到世界各民族的喜爱,这样的设计才能征服全球市场。世界上有很多这样的设计经典,比如,韩国世界杯足球场的设计(见图5-3)。

图5-3　韩国世界杯足球场

又如,北京的奥运会"鸟巢"(见图5-4)就是西方学习中国民族的文化所获得的成功。❶

---

❶　德梅隆说:"这个体育场的整个结构的表现力,不仅可以告诉人们哪里是入口,而且还能让人们产生丰富的联想,如有人形容它是鸟巢等。这可能是公众的印象,但实际上我们还可以把它想象成其他中国建筑上的东西,比如,菱花隔断、有着冰花纹的中国瓷器;同时它又像是一个容器,包纳着巨大的人群,这些都体现着中国的文化。"

图 5-4　鸟巢

6.政府的标准

　　在带有公共性质的设计项目中,政府的态度显示出关键性的控制力。设计或是设计批评得到政府的支持是尤为重要的,在当今的设计大国(美国、日本、韩国等),他们的政府都给予了很多帮助。设立奖项、提供经费、组织设计竞赛、加强设计教育的发展等措施,都大大地鼓舞着设计的发展。

第三节　设计批评的调查与分析

　　优秀的设计作品必然融合了科学技术、人文精神、现代企业生产和销售理念等的综合设计,是具有科学性、创造性和具备社会性的设计产品。对于设计作品而言,在其创造和生产中,需要有相应的标准和规范加以约束和评价,由此作为价值判断的标准和依据。设计批评评价参照表 5-1:

表 5-1　设计批评评价参照表

评价类型	评价内容
功能性	1.完善的功能 2.用途明确 3.包装合理 4.易于清洁和维护 5.耐用性 6.整体品质 7.易识别性 8.便捷性 9.对生产率的提高作用
技术性	1.材料的合理性 2.结构设计合理性 3.设计的科学性 4.易用性(易操作性) 5.部件与整体的配合 6.模具的科学性
经济性	1.产品零部件的标准化 2.整体成本的控制 3.生产的自动化 4.市场价格的合理定位
安全性	1.使用过程的安全性 2.方便运输和存储 3.不产生歧义
审美性	1.制造加工工艺 2.表面精美程度 3.整体的美观程度
创造性	1.结构和空间是否配置合理 2.产品的创新性(价值、功能、形式、材质等) 3.是否有多样化用途 4.符合人体机能

评价类型	评价内容
伦理及文化性	1.与周边环境的协调 2.是否考虑到文化背景 3.时尚或时代特征 4.个性特征（造型、色彩、装饰等） 5.对残障人士的照顾 6.与使用者的亲和程度
生态性、环保性	1.对能源的节约程度 2.废弃后的回收和利用、可持续性 3.对环境的保护作用

第六章 | 设计的市场、产业与管理

设计作为社会再生产系统的环节,其自身的价值必须在社会交换中实现。设计必须被消费,首先实现其经济价值,然后才能在被使用过程中,实现其他社会价值和文化价值。因此,本章围绕着设计与市场、产业及设计的管理,进行论述。

第一节 设计与市场

一、设计与市场细分

市场细分是指如何将市场分割为有意义的顾客群体。

市场细分识别的目的是分辨出目标市场,使企业进入这些目标市场后有利可图。在确定这些细分市场目标时,营销者寻求通过公司的产品定位,一般是寻求产品或服务的差异化来建立:竞争优势,这个过程代表了"现代战略营销的核心"。

(一)市场细分的意义表现

市场细分是否科学合理,已经是市场营销战略能否成功的一个前提,众所周知,任何一家企业没有能力也没有必要满足所有的市场需求,市场细分可以明确目标,有利于公司整合市场资源,细分是市场营销战略能否成功的一个前提,其作用体现在以下几个方面:

（1）发掘新的市场机会。通过大量的市场调查工作，了解哪些细分市场中产品或服务已经得到满足，哪些未得到满足，从而可以发现潜在的市场机会。

（2）整合公司资源，发挥竞争优势，可以充分利用公司有限的资源，以最小的经营费用实现最大的营销效益。

（3）有利于制定营销策略，有的放矢地采取适当的市场营销策略。

（4）市场细分有效地避免了恶性的价格竞争。

(二)市场细分的标准

市场细分的标准，具体有以下 4 个，如表 6-1 所示。

表 6-1　市场细分的标准及内容

标准类别	内容
人口标准	包括年龄、性别、职业、婚姻、教育程度、收入、家庭、种族、国籍、宗教和社会阶层等多种因素，人口因素是细分消费者的依据，其原因是消费者的需要、欲望和使用率经常紧随人口因素的变化而变化，以及人口因素比其他因素更容易衡量
行为标准	包括购买时机、追求的利益、使用者情况、品牌忠诚度、购买者准备阶段和态度等
心理标准	主要指个人生活方式及个性等心理因素，生活方式、个性的差异使得消费者对设计也有着不同的认识
地理标准	指按照消费者的地理位置和自然环境来进行细分，地理因素包括地理位置、市场大小、气候等，因为处于不同地理位置的消费者对设计有着不同的看法和理解，因而会对设计企业采取的市场营销战略有着迥异的反应❶

二、设计与目标市场

设计企业根据自己的目标、资源和特长，权衡利弊，选择目标

---

❶　例如，北方因为气候的干燥，房屋顶部采用平台式的设计；而南方因为多雨的气候特点，人们对房屋顶部的设计倾向于倾斜式的。

市场,企业在确定这一战略时,目标市场涵盖战略有以下三种。

(一)差异性营销战略

设计作为一种商业服务,尤其注重差异性营销战略的应用,即在强调个性化的时代,根据各个细分市场中消费需求的差异性,设计出顾客所需要的个性化设计方案,并制定营销战略去满足不同顾客的需要。

也只有不断寻求自身的独特,做到与众不同才可能在行业竞争中获取优势。

(二)无差异营销战略

无差异营销战略,即用统一的市场营销策略,把整个市场看成一个大的目标市场,从而吸引消费者。差异性战略所提供的是产品的共性服务。

(三)集中性市场战略

集中性市场战略,可解释为以一个或少数几个细分市场作为目标市场,将设计和营销力量集中起来,实行专门化的设计服务和营销。集中性市场战略能够将公司有限的资源汇集起来,实现专业优势和专门化的运作。

第二节　设计的产业

一、定义与特征:设计产业的内涵释义

(一)设计产业的界定

产业设计,是指在一定的技术水平条件下,对某一空间范围内产业布局的通盘考虑和安排,以期达到资源综合利用率高、生

态环境破坏程度低而企业利润最大化的目标。其中,"一定的技术水平条件",不是指某一个地区或某一个国家所达到的技术水平,而是指当下世界同类技术的最先进水平;"某一空间范围",是指以某一主导产业或若干个主导产业为中心所形成的某个经济区域;对"产业布局的通盘考虑和安排",是指以特定的主导产业为产业设计起点,根据产业间关联程度的高低,以及产业正产品、负产品可以转化利用的程度,在既考虑企业市场竞争效应又考虑企业规模效应的前提下,对相关产业的事先安排。

(二)设计产业的特征表现

在激烈的市场竞争中,无论是国外还是国内的企业,都把提高设计水平作为提升竞争力的一种手段,从报纸到杂志、从电视到网络、从品牌到包装、从广告设计到形象设计,设计的功能和作用不断放大,其影响力涉及社会生活的各个方面和各个行业。据不完全统计,目前设计产业的从业人员30多万人,从事设计类人才培训的高等院校和教学机构近千家,而且还在不断地增加。这样一支正在蓬勃兴起的设计产业大军,是发展市场经济不可缺失、不可忽视的重要力量。但是,长期以来,设计从业人员分散在不同的行业和领域,处在边缘化的境地,没有明确的职业定位,没有自己的产业组织和学术机构,至于产业分工、产业标准、产业中介组织更无从谈起。面对经济、高科技的飞速发展和平面设计相对落后的局面,许多设计领域的研究人员和从业人员心急如焚,纷纷要求改变现状,以求自身的发展空间。

二、设计产业的生态解读

设计产业的发展源于不断创新,从一定程度上来说,设计产业创新与技术创新有着共同之处。技术创新阶段是把一种或若干种新设想发展到实际应用的阶段。它是一系列活动相继交织展开与不断反馈的动态系统运行过程。市场需求会对科技不断提出新的要求,而新的科技成果的产生又会激发市场需求。两者相互作用,会产生一定的技术经济构想,在相应的资源投入和环境机制下进行技术开发,并在这个基础上进行经济开发(技术走向市场的过程),将系统的输出结果回馈给前面的各个阶段,形成技术创新的循环运行过程。

设计产业创新体系涉及产品设计、环境设计、展示设计、产品生产和流通等过程,以及与这些过程相伴的输入输出因素,通过设计创新实现结构与功能、技术与艺术、视觉传达与市场需求的有机统一,成为牵动着各个生产领域和工艺环节的较为复杂的系统工程。所以设计创新既具有技术创新的一般特点,又具有其自身的特殊之处,其过程与机理将在下文中详细描述。

平面设计的发展离不开对自身的准确定位和价值判断。所谓平面设计,就是把不同的基本图形,按照一定的规则在平面上组合,使组合后的图案能表现出该设计所要表现出来的立体空间感,即用视觉语言来传递信息和表达观点。它的设计范围和门类非常广泛,如各种媒体、建筑、工业、装潢、展示、服装、广告等,总之,有多少种需要就有多少种设计,具有广阔的发展前景。

由于平面设计要运用视觉元素来传播设计者的设计理念和价值倾向,用文字和图形把信息传达给人们,并让人们愿意和乐于接受。因此,平面设计不仅涉及多种元素的运用,而且还涉及不同的表现手法和技巧的运用。任何一个设计都必须按照客户的要求去打动受众,从这个意义上说,设计者除了具备专业知识以外,还要在设计中倾注自己的感情,只有先感动设计者,才可能感动受众。因此,平面设计师必须具备综合性的知识和相关的专业技能,才能正确理解和把握自己所要设计的对象的本质特征,才能运用各种设计元素进行有机的艺术组合,形成图形有创意、色彩有品位、材料质地能打动人的作品。可以说,一个好的设计,不仅仅是图形的创作,也是综合了许多智力劳动的结果。由此,我们可以肯定地说,平面设计艺术具有文化产业的一切特点,即横跨经济、文化和技术的综合性特点。

三、设计产业的基本流程

从整体上看,设计产业的运作是一个输入、运作转化、输出的过程,周边的因素(如技术、资源、环境等)都可以看作是一种输入,而这些周边因素又是进行设计创新的推动力和拉力。输出是技术创新业绩(新技术、专利、企业的竞争力等)。创意、R&D(research and development,研究与开发)、功能结构、外观造型等的创新、形化是设计创新的核心过程。

20世纪改革开放以来,中国经济取得了举世瞩目的成绩,工业发展尤为迅速,以至中国被称为"世界工厂"。然而国内大多数制造业都采用代工生产的方式,使得"中国制造"成了廉价的代名词,究其原因,主要是我国设计产业薄弱,自主知识产权落后造成的。目前设计产业相对发达的地区主要集中于珠三角、长三角和京津冀三个经济区域,同时这些区域的经济规模已经占到全国经济总量的48.6%左右。

第三节　设计的管理

一、设计管理的内涵

随着科学技术的发展,设计所涉及的材料、机械、结构和生产技术等方面的内容变得越来越复杂,多数设计必须依靠集体的力量才能得以实现。由此,对设计管理的要求也日益迫切。

(一)概念界定

设计管理这个术语由"设计"和"管理"两个词组成。设计是伴随"制造工具"的概念渐渐发展而来的。它是通过科学、技术、艺术等手段所进行的有目的的造物活动。而管理,具有管辖、处理的意思,作为科学概念是指在一定环境下,对所拥有的资源进行计划、组织、指挥、协调、控制、监督,从而有效地达到预期目标。管理的内容主要包括管理目标;管理手段;管理对象。有效的管理应该是人尽其才、物尽其用、时尽其效。

(二)内容与范围

随着企业对设计繁荣重视和活动内容的不断扩展,设计管理的内容与范围也逐渐得以丰富。根据三个层次的管理观念,❶也可以将设计管理的范围分成战略层面的创新策略管理、战术层面的设计事务管理、操作层面的设计项目管理三个不同的层次,以便设计管理人员发挥对设计的管理作用。

二、设计管理的原则

(一)把设计当作管理工具

每家企业都有许多资源,如人事资源、资金资源、物质资源等,它们具有对企业进行集中管理或协调的可能性,都可以成为企业管理的重要手段。设计作为一种企业的资源,既可以为企业带来巨大的经济效益,也可以作为一种管理的手段。

在企业中,优秀的设计需要好的管理,但好的产品设计、视觉传达设计和环境设计并不是好的设计管理的唯一成果,对于优秀设计的追求,具有比设计本身更深远的意义。

设计所考虑的是人和他所使用的工具❷的关系。这就使设计

---

❶　崇(Chung)在 1989 年提出了三个层次的管理观念,把设计管理的内容与范围划分成:(1)操作层次的设计项目管理;(2)战术层次的设计组织管理,包括企业内部设计组织与外部设计公司;(3)策略层次的创新管理,如企业形象识别、设计政策与策略制定等。

❷　在这里,工具的概念是广义的,泛指一切工业产品。

以一种实际的形式成了确定和传达企业目标的工具,将企业的目标形象化并传达出去。就设计的管理的特点而言,由于它跨越了企业的多个部门,形成一种新的,更加紧密的结构,有助于建立起一种交叉优势,这对于任何一家企业都是很重要的。

通过创造一种适合达到既定目标而进行的活动的环境,设计成了一种使企业的创造源泉充满生机的手段,这是企业自身发展的重要前提。

(二)建立明确的设计目标

设计既是创造性的活动的结果,又是这一活动本身。设计是一个解决特定问题的过程,好的设计追求两个目标:一是获得一个解决问题的最简单的方法,又不影响设计对象工作的复杂性;二是使设计适应于使用者,而不是别的目标。优秀的产品设计需要综合考虑以下因素:使用目的;生产手段;工程技术;功能;美;与环境的关系。

美是一种与设计密切相关的质量,但美不是一种可以独立于其他因素而达到的目标,而是上述各种因素互相作用的结果。产品的美是在寻求以最简单的方法解决复杂问题的过程中,尊重所有合理需求,并充分考虑人类感情而自然产生的。

企业的设计管理也可以对平面设计或是视觉传达设计进行控制。优秀的视觉传达设计首先要明确所要传达的内容和对象,即企业特点、服务对象、传达信息、传播媒介特点等。在传达设计中,必须考虑人们接受和理解信息的生理和心理机制。视觉传达设计是由图案和文字构成的平面艺术,使用这门艺术的方式应与人眼观察事物的方式一致。

需要强调的是,产品设计和视觉传达设计必须形成一个整体。建立一个明确的企业识别体系是设计的重要目标之一,对于一个以设计为基础的企业来说,产品、传达和环境这三个方面都应该以同样的概念来表达。

（三）实施有效的设计管理

设计管理与其他管理一样，都是领导的艺术。只有决策部门充分认识到设计工作的重要性，才可以实施有效的设计管理。

关于设计的概念，许多企业都很模糊，以致企业的产品像来自不同企业的大杂烩。公司的产品样本是由不同的设计事务所设计的，而这些事务所都试图体现各自的"创造性"，使产品样本彼此毫无相似之处，甚至信封、信纸、表格也是不同印刷厂的产品，这也就造成了一种混乱的景象，给人缺乏质量意识的感觉。

如果决策部门有人全权负责设计管理，这样的情况就不会发生。尽管设计涉及企业的各个方面，但如果没有人真正对此负责，混乱的局面就不可避免。因此，对于好的设计的追求必须成为决策部门的重要议题。即在决策部门必须有一位对设计有一定水平的人士负责企业的设计工作，同时把设计列在决策部门的议事日程之上。另外，企业在制定总体规划时，必须包括有关设计的规划。只有这样，企业中的设计创造才会得到重视，设计项目的实施才会被采纳。

在项目层次上和日常质量控制中，应有专人负责企业的设计规划或者设计政策的实施，即应该有一名高度称职的多方面人才，它处于公司的高层，有权力协调企业内的所有部门，以保证设计工作的协调。

最后，企业的高层管理机构应具有把设计作为企业的目标形象化并传达出去的手段。这些目标应该清晰明了，并且用文字表达出来。企业的设计政策应该明确，并且为所有的员工所了解，而不是仅限于管理人员。

（四）渐进式引入设计项目

对于以前没有进行过设计的企业来说，一旦认识到设计的重要性就会发现同时有许多令人感兴趣的设计项目要去做。此时，务必要小心。在毫无设计经验的企业内同时进行几个设计项目，很可能造成不少麻烦,如花费成本大,不尽如人意的设计结果以及企业内部对于设计意图的不理解而造成的阻力等。

最好的方式就是从一个单独的设计项目入手,即选择一个规模适中,并可能在短时间和有限的开支内产生可观效果的项目做起。如果第一个设计项目取得成功,便会逐渐积累经验,发展自己的设计和设计管理技巧。那么,第一个设计项目的选择就显得尤为关键了。理想的第一个待选项目应该具有如下优点:它能改善生产或者产品的技术性能,或者带来一定的经济效益;它能显示出"人—机"或者"人—传达"之间的关系;它可以发挥企业自己的技术特长,并把这些特长与设计师的职业技能结合起来。

在作出选择的时候必须注意,第一个项目应以一种自然的方式引导出下一个较大的项目,即它应该为今后设计的发展指明方向,使其系列化,避免过早地作出判断而可能阻碍将来设计项目的发展。因此,企业内部首批项目的选择,应在对今后主要的设计工作做出规划的基础上进行,它应包括将要进行的设计工作相互间所具有的连续性,同时,也应把这种连续性的结构应用到每一个项目本身的发展过程之中。

我们可以把任何一个设计项目分成若干步骤,每一步骤结束于一个"里程碑"。然后以这些"里程碑"作为决策点,提出中间结果并进行分析、评价和决策,这就为监测项目的进展提供了一种简便易行的方式。

(五)创造设计的整体性

在不少企业,新产品的引入往往是机遇性的。在设计样机时,并不明确产品的用户,然后被略加修饰之后,便以一种粗糙的外观投入生产,或者是在最后一刻邀请一个工业设计师,以施展他的产品美容术。然而这种最后的修饰往往在结构造型上没有多少改进的空间。这样的项目,就是没有设计概念的项目。

优秀的设计管理将产品以及产品所具有的传播特征视为一个相同的概念的体现。瑞士手表厂商"Swatch"就是一个最好的例子。"Swatch"通过良好的设计和设计管理在竞争中掌握了主动权。"Swatch"的成功并不是由于它的名称、设计样本或者是广告摄影、包装,也不是由于它利用设计与高技术结合而不断推出新的产品。它的成功在于协调的设计,在于将设计思想贯穿于设计的各个方面体现出来的统一性。

(六)寻求新的设计课题

生产符合市场需要的产品对于企业来说是成功的关键。但是,要确定什么产品是市场需要的并不只是市场调查所能解决的事情。对市场需求的预测在很大程度上受到市场上已经有的产品的影响,如果过于书生气地采用市场调查的结果的话,企业或许就会对前两年才问世的产品感到失望,不敢贸然引入。

企业所需要的是能使顾客喜出望外的产品,这样的产品很少来源于市场调查,而是来自预见一种现实存在而又不能确定的需求,并把这种需求通过设计转换为产品。这样,产品的定向就成了寻求一种潜在的需求的问题,从而发挥新技术的作用,同时也创造出新的产品。

提出问题或者发现一种需求本身就是一项高度创造性的活动。一些最富创造性的设计,其问题的提出与问题的解决同样重要。因此,问题是设计之母,只有那些意识到这一点,并努力去探索解决问题的方法的人,才算是真正找到了设计之门。如索尼公司推出的"随身听(walkman)"。公司的某位设计人员看到了纽约的年轻人在玩旱冰时,肩上扛着一台大录音机,妨碍了他们活动的自由。"walkman"成为世界上销量最大的产品。显然,这不是新技术,而是面对实际需求的一个新设计而已。

(七)制定设计任务计划

任何一个设计项目都应该通过以设计任务书来表达项目目标的方式着手进行。设计任务书的目的是确定和表达项目目标和作为设计评价的参考框架。设计任务书的写作本身就是一门艺术。好的设计任务书应该客观详细地说明设计的基本要求,而不是用描述的方式解决方案。

优秀的设计任务书应该只包括基本的需求,而不是全部的、详尽的要求。如果给出的信息太多,就会限制思路的展开。所以设计任务书应该是非常精练的,它应该表达出真正需要的东西,提出能激发设计师创造才华的要求。

当然,设计任务书也不能过于笼统。过于抽象,也是无法进行有效实施的。

设计是一个解决问题的过程,像所有创造性的活动一样,也是一个寻求目标的过程。因此,在最初设计任务书中预先设定的目标不是不可更改的最终目标,设计本身就是发现设计目标的真正手段。随着新的、富有启发性的目标被发现,设计任务书也应得到修正。

(八)识别设计的大方向

在设计项目中,识别设计的大方向(大目标)是非常重要的。所有成功的设计都有一个共同的特征,即表现了设计项目的"大目标"。

因此,当你从事一个设计项目时,首先应该确定一个"大目标",然后使达到这一目标成为设计的主要特点。这样的"大目标"可以源于以下几个方面:它能反映设计最主要的功能;它可以成为对设计工作在生产、技术或者材料等方面的限制的巧妙处理;它可能是通过一个或几个设计构思来强调设计的个性与特征。

日本奥林巴斯公司的 XA 相机的设计目标是使相机适于装在衬衣口袋之中,而依然使用 135 胶卷。相机置于口袋,就需要一个盖子来保护镜头,XA 相机的设计以一个碗状的盖子强调了这一点,赋予了 XA 相机的一个与众不同的形态特征,见图 6-1。

图 6-1　奥林巴斯公司的 XA 相机

任何大目标的实现都有赖于它的制作过程,缺乏细节的关注可能会毁了一个设计,有时细节就是设计的关键。对于细节完美的追求是设计师对最终产品质量所作出的重大贡献。

(九)把握设计工作的限制

任何设计工作都会有各种限制,在设计过程中应该确定这些限制,然后顺应这些限制进行设计,而不是试图超越它们而与之产生矛盾。设计的目的可能源于设计工作本身,或者是由设计师自己设定的。

设计师的真正技巧体现在他能够适应工作的限制,并使这些限制转换为优势的能力。在产品设计上也是如此,一些最有影响的设计源于确定或者选择一套限制,然后使设计从中受到启发。比如设计一架飞机,就是顺应自然的力量,这种自然的力量是工程设计在材料允许的范围内达到了完美的境界,常常产生出一种惊人的美,但它不是目的,而是工程设计的副产品。

有时,出于绝对必要或者出于情不自禁的冲动,限制可以被打破,这种偶尔为之,然而又是必要的越轨,丰富了设计的成果,常常是设计和设计规划质量的标志。

(十)注重产品设计的交流

任何新的观念都是在综合了两种或者两种以上现有的观念而成的。新的观念常常产生于那些追求两种思维方式，或者同时以两种工作方式完成同一构思的人们之中。

设计师在他们设计草图的记忆中常常具有这种能力，一幅草图是设计构思的视觉化，同时也是发展构思的载体。设计草图不仅使设计师将头脑中的东西画在了纸上，同时也建立了思维与草图间的对话，从而建立起发展其构思的机制。这种模式也可以发生于不同专业的人们之间，并产生同样的效果——发展了他们共同进行中的工作的构思。

新产品的开发具有一系列这种交流的可能性，这种交流能使双方相互受到启发，从而推动产品概念的发展。在易于作出判断的早期阶段，通过交流、对话可以有效地避免设计上的重大失误。此外，交流还有助于整个项目达到和谐。

工程与使用是产品开发中参与对话的两个方面，讨论的双方分别是企业的设计人员和企业外有资格的，不带偏见的用户。模型和图纸之间也可以用同样的方式来建立一种交流。这种交流是在同一设计中二维和三维空间的构思方式之间进行的。

(十一)寻求双方的相互认同

对任何设计而言，认同是极为重要的。无论是一件消费品或者工具，还是一个标志、文字设计，甚至是一个无形的计算机软件都是如此。

这种用户和产品的认同恰恰是成功的设计的核心。这些产品的成功，关键并不在于他们所使用的技术，而在于产品和用户间完美的配合，这些产品完成工作是如此之好，以至于用户几乎忘掉了产品本身，而完全沉醉于他的工作中了。这里，产品成了用户身体的一部分。

许多产品的失败是由于他们不能与其用户的思维和技术相

匹配。当今,一些技术上可行的产品常常因为没有服务于其实用目的,大量的产品具有丰富多样的功能,但很少具有实际的用途。

在整个设计过程中,应该不断地寻求用户与产品的认同,不能将所开发的产品仅仅视为商品,而应是为人服务的工具。这里,人是创造者,而不是消费者。因此,设计中首先应了解人与工具的关系,再来决定所使用的技术和要达到的目的。与新产品潜在的使用者进行直接的交流将有助于产品开发中质的飞跃。与企业外的设计师交流也是如此。

可以说,有经验的用户在使用产品时,就成了设计师工作的检验者。这种有经验的设计师总是能够为设计过程作出贡献。有时企业失去了这种能力,是因为他们的产品大多出自于企业内部,不思进取,从而失去了以用户的方式体验产品的能力。

(十二)创造一种积极的反馈

企业的形象包括三方面内容:企业认为自己已经具有的形象、企业实际上的形象和企业打算树立的形象。这三种形象中的任何一种又可以有许多其他形象。

树立公司的形象是设计管理的关键所在。一个企业的产品、视觉传达以及环境具有双重功能,一个是直接的,也就是他们的主要功能;另一个是间接的,即传达企业的形象。这种形象的定义应是产品开发、视觉传达以及环境设计项目设计任务书的一个内容。它基本上取决于企业本身的特点,它同时也应是未来发展的方向。一个产品设计或者是企业的视觉传达体系,若不能反映企业本身及其产品的特点,那么是不可能保持长久的。反之,如果一件产品或者一项识别计划传达了企业目标的情况和未来追求的目标之间的一个形象,这就会对企业的发展作出贡献。

这种通过设计追求完美的过程是使整个企业都参与其中的过程。把好的设计引入企业的各个方面是想象与识别的积极反馈,是一场需要整个企业参与的竞争。

设计管理就是使形象与识别两者协调起来,通过设计来追求

质量的理想,把企业引向既定目标。当你达到目标后,又会有更高的目标在前面。这里,设定一套限制是使形象与识别相一致的关键。

三、案例解读——飞利浦与博世公司的设计管理

通过典型案例,可以认识到设计管理在不同企业中的作用,介绍设计管理在制造企业与设计企业中的特性,以及设计管理对推动产品、品牌、企业经营与管理的核心作用与价值,设计管理与设计的差异,以及设计管理对设计团队、企业管理、企业战略等深层次的影响。

(一)飞利浦公司的设计管理

1.设计理念的形成

1991年飞利浦设计部门建立时意识到了自己正面对着众多挑战和责任。他们认为单凭个人的想法是难以创造未来的,然而没有想法也根本无从为发展奠定根基。于是,飞利浦设计部门首项举措是确定一套设计哲学,即"高级设计"(High Design)的设计哲学成了PHILIPS每天以及长期行动背后的首要驱动力,并在所有工作伊始就被嵌入设计过程中。

"高级设计"源自这样一种信念:建立在不惜一切代价换取产品最大数量基础之上的工业革命精神尽管赢得了利益,却导致许多古老文化的消亡,尤其是人类生活价值的泯灭,往往表现为"疏远"和"空虚"。这是当时社会发展所不可避免的。人与物之间的关系一度曾是信任和充满感情的,我们会保留并永远珍爱服务过我们的工具,保留穿着舒适的旧鞋。但现在,我们对新鲜的重视超过了对物品实际价值的重视,产品的外表胜过了其真正的有用性。我们忘却了如何喜欢物品,忘却了物品是人精神感受和实践能力的产物,忘却了最初产品是技术的艺术表达。

在这样的理念的指引下,他们表明飞利浦的观点并确立了自己的使命——创造人、产品、自然环境与人为环境之间的和谐关系。然而这个目标知易行难,在实践中他们提出了一种全新的、整体的设计方法。该方法所蕴含的设计哲学和设计实践是飞利浦全球工作组的450人以同一标准严格得出的。设计哲学产生的背景又通过演讲、出版物和介绍性课程传达给企业所有员工,目的是确保飞利浦人拥有共同的理念并以此支持我们共同的理想。

想要理解人们当下和未来的所需、所想,单凭统计上来的数字还不够。飞利浦公司要想真正创造出有意义的产品,就必须深入了解它的多类消费者。唯有如此,飞利浦才能成为一个在道义和商业运作上都成功的企业。我们常常会发现,一个把产品质量、对消费者和环境的真诚关心摆在首要价值位置的企业,比起那些仅仅创造股东价值的企业更能获得大的商业成功。

2.设计理念的展开

为了获得对人的了解,飞利浦公司成立了多学科、多文化的工作小组。小组中来自社会文化学科的专家,如社会学专家、人类学专家、心理学专家等协同设计师、飞利浦的技术专家、科学家、工程师以及市场专家一起工作。这些工作小组的发展同"高级设计"的研究过程相一致。由于诸学科多管齐下,他们的项目很容易应用到商业创造中去,同时也确保了对人的始终关注。

"飞利浦设计"作为一个自主管理的工作室,在整个公司范围内行动,并对飞利浦品牌的管理负责。以项目为基础,为企业内部的所有产品部门提供服务支持,从战略设计和识别设计到产品设计、服务设计和视觉传达设计。飞利浦设计在全球设立了20多个分支机构,拥有全球视野的设计能力,哪里有需要,他们就会出现在哪里。

由于飞利浦设计团队向飞利浦集团提供着大部分的服务,所以他们的设计师设计的范围非常大,如灯具、家用产品、消费类电子、工业电子和医疗系统等。这是一项庞大的设计系统或设计产业。

　　"战略策划"提供的是一个相对较新的服务。在战略策划小组中,飞利浦设计团队探寻新方向的设计,成为有助于飞利浦集团与其他客户在商业上实现可行性转化的成功建议。战略策划的范围涉及多个行业领域。在广泛的设计话题范围内服务于众多客户的各式投资组合有助于设计团队继续在知识与技能上得到提高。这也有助于自己的竞争力与客户相融合以开辟新的商业领域。飞利浦设计团队提供知识、经验和设计方法,通过为客户服务,自身的知识与技能都增加了,而后飞利浦设计团队又能把这些知识和技能提供给下一位客户。

　　飞利浦设计团队对外提供的主要服务就是战略策划。通过对社会文化领域和技术领域进行调查,通过与专家组领导及成员进行交谈,设计团队收集了丰富的数据以用来显示未来即将出现的生活方式。通过分析可以帮助团队了解人们在当下和未来对所需产品和服务的一些想法。最终的数据将被转换成为不同的未来生活图景,这些图景里包含了发展成为特定产品和服务的可能性。整个过程的目的在于确认其可行性。飞利浦称这种方法为"战略的未来",并视其为不断进步的持续性学习过程。

　　对上述方法的最新应用是名为"不久、将来的家庭"的项目。在这个庞大的开发项目中,技术与设计的融合提高了人们在家庭环境下的生活质量。飞利浦希望这些提议迎合人们对未来的想象,迎合他们对生活品质的期望,为了"创造人、产品、自然环境与人为环境之间的和谐关系",飞利浦需要每个员工的通力协助,更需要公众和媒体的支持。这正是飞利浦不惜投以巨资向终端客户,以及向团队内部广泛宣传飞利浦对未来理念看法的原因。

　　飞利浦前瞻性项目的成果要定期拿到皇家飞利浦电子管理委员会上进行通报和交流,出版物要在飞利浦公司的内部和外部以同层面广泛宣传某一项目的背景,就产品识别和视觉传达而言,每件产品,用户界面以及传达设计都要向客户做细致咨询,客户在设计中发挥了积极作用。

　　通过软性交流,团队得到了飞利浦个部门的鼎力支持。就产品部门而言,他们还定期委托团队指导其在未来商业上的研究,指导他们对产品设计、界面设计以及视觉传达设计的学习。同时,借助和出版社以及公众的外部交流提升飞利浦的形象。飞利浦公司成为人们关注的焦点,人们认为飞利浦公司把握了他们当前和未来的需求,引导他们前进在积极的道路上。飞利浦设计团队必须永远面对来自于他们洞察力所发现的巨大挑战,因为停止了发展也就失去了生命力。设计团队认为有了鼓励并且以一种思考的方式作出贡献,哪怕很小,但却要日积月累、永不停息地建造未来的大厦。这就是摆在飞利浦人面前的最大挑战。

(二)博世公司的设计管理

　　德国博世公司的设计管理,主要依赖其设计手册,实施设计过程全内容管理,设计管理包含的内容❶十分广泛。下面从涉及理念开始进行阐述。

1.设计理念

　　博世公司的设计理念有很多,但最为核心的主要包含以下几个方面。

　　(1)设计不等于粉饰。通常认为"设计"无非让产品"好看"。其实,设计影响着公司总体发展步骤的许多方面。设计是产品质量不可缺少的一部分,也是商业竞争的重要项目之一。在重要性日益突出的出口贸易中,这一点显得尤为关键。一件高品质的产品,必然超越不同的文化,能自我销售,不需语言。

---

　　❶　博世公司的设计管理的内容包含设计与公司策略,设计与营销,设计与价值分析,设计与工业卫生学,设计与人机工程学,设计与材料,设计与形态,设计与色彩,设计与附加值,设计与创意,设计与市场研究,设计与法规保护,设计与品牌形象,设计与新技术,设计与操作规程,设计与生产,设计与价值转换,设计与合理化,设计与消费群定位,设计与销售训练,设计与广告技巧。

（2）博世集团的设计传统。最大限度地保证产品质量，一直是集团创始人 Robert Bosch 最关注的问题之一。他很快明白，决定产品质量的不只是（内部）机械设计和可靠性，还包括造型设计。

（3）设计是公司策略的重要因素之一。博世公司策略的目标就是最大限度地保证产品质量。设计原则一直扮演着重要角色，这不仅出于美学考虑，更是因为赏心悦目的外观设计能引导消费者去领略产品内在品质。在未来，设计的重要性必将日益突出，其中有三个原因：优良设计可以促销；设计体现质量；设计是品牌形象的反映。

（4）严谨的文字提要会带动良好的设计。设计作为营销活动的重要环节，应包含于产品开发的总体策略之中。营销目标应作为设计提要的基础，以保证每个关注产品开发的人在同样的信息提示下工作，确保每个成员在同样条件与目的下投入工作。不仅如此，提要还提供设计创意的评判标准。

（5）价值分析不等于降低成本。价值分析技术在博世集团已经成功地运用了 20 多年。它帮助企业在产品设计和制造上更经济有效地保证功能需求。价值分析为相互协同工作的部分之间的目标定位，提供可行原则。它可以超越各部门观念的局限建立横向联系，节省产品开发时间、增进协调、集思广益、充分利用知识和经验。这种价值分析工作方法的潜在优势和实施困难仅取决于产品开发班子的人员组成及合作态度。此外，价值分析还可以提高产品利润、可靠性、附加值等。价值取向思维能比成本取向思维引发更多、更新颖的设计出发点，而且往往能改进产品功能或拓宽产品功能范围。

（6）设计必须顺应人的需求。首先，通过好的设计，来完善信息接收的途径，对一条信息的认识，基于对信号关键特征的筛选把握。其次，如何布置信号，使之简明易懂要领会一个信号，需要一种尽可能快速掌握的代码。再次，不可违背人们的习惯。最后，尺度标准是人，而不是技术。

2.设计方法

博世公司的设计方法也有很多,但最为关键的主要包含以下几个方面。

(1)你能感受到好的设计。真正的美来自内在。在所有产品设计工作中,人机工程学需求是基本出发点。

(2)新技术使新形态成为可能。新技术可以使产品不断地改头换面,这些新的形态反过来也开创着新的应用范围。如新技术为电子工业开辟了通往新形态的途径,并为设计提供创造性自由。

(3)色彩在产品中的作用。设计师可通过产品的色彩分布、色带和色彩的搭配组合,创造多种不同的影响力。色彩的使用,可以使产品看起来更大,或更小,更重或更轻,更技术化,更家庭化,更冷漠,更坚固等。尤其在消费品中,色彩起着重要作用。一件产品在市场上是否能被接受,色彩是决定性的因素之一。

(4)利用独特的造型设计分析方法提高产品附加值。提高附加值,未必需要一味提高产品制造成本。凭借独特的造型、材料和色彩的巧妙组合所设计出的产品,可在消费者眼中具有极高的品质。以此观点看来,通过设计可使产品显示出多种优势。

(5)发明创造绝不是碰运气。目前,产品设计有两条主要途径。一条是步步深入的方式,可使产品的细节日趋完善;另一条是运用全新分析角度,对现有产品的每一细节重新考虑,推出全新概念设计。

(6)当设计一项产品时,设计研究帮助决策的制定。设计研究使用的方法是,通过市场研究来探明未来使用者对于新设计的意见和反应。市场研究应早于产品开发,且设计研究可方便决策的制定。

(7)并非所有的设计都能被保护。法规保护的只是高水平设计。博世公司通过两条基本途径来保护自己的设计:实用专利和设计专利。实用专利形式保护产品的技术实用性。它为实用产品三维形态的设计发明提供保护。设计专利形式保护产品外观。

它为开创一种高品位感受的新形象所取得的成就提供保护。

（8）创造性设计的程序步骤。帮助寻求创造性构思的十个步骤（根据马赛厄斯的理论）。一是比较分析相似或相关问题。二是提出特定问题的解决方案；大胆超越传统思维定式，考虑事物之间非常规联系；应用其他产品的设计原理。三是记录在构造设计中可能出现的所有变化，它将影响整个系统。四是变通手段：改换产品的适用范围；改变产品的形状、色彩、尺度、细节以及风格；替换材料，转变功能；重新安排独立单元；颠倒独立单元的位置或排列顺序；综合两个或更多的构想于一体；使产品整体或部分体积变大或变小。五是重点放在简化操作，降低能耗和缩短时间；减少材料和降低重量。关键词：精简到最基本所需。六是预见最终的产品。考虑每一部件产品目前的功能，再将其统合到整体系统当中，同时注意将要解决的核心难题及相关特征，勿忘原始初衷。七是强调资源的利用＝考虑材料的特性、可利用性和成本，并权衡加工手段以及生产设备等技术设计问题。八是注重特定产品和环境对消费群产生的心理影响，并给予定义。九是对附加因素的定义：解剖学，使用频率以及使用程序，即人机工程学。十是注重人们对产品理想的情绪反应的要求，并给予定义。

3.设计策略

（1）塑造一种公司产品形象。在有些公司的生产中，小批量和定做产品占很大份额，雇用设计师设计每个产品或部件很不经济。解决的方法是制定"设计大纲手册"，在以后的功能设计和形式设计中，向设计工程师提供明确的工作纲领。博世包装机就是这样设计的：标准替代昂贵的单体设计；手册需随时更新；统一设计是成功之道。

（2）新设计提高人们对新技术的重视。设计风格为消费者所熟悉的产品在加入新技术推向市场之前，要再设计（至少局部改动），以明确地向市场及使用者表明，本产品已不是陈旧设计和技术的延续，而是技术发明创造的体现。

（3）产品应善于自我注释。产品设计的一个重要任务就是使之容易使用，让产品本身携带信息，使操作更为方便。这种信息不能替代产品说明书，但应起到辅助记忆的作用。如此设计的产品自己就能帮助促销，因为消费者自会领悟到这种为他们着想的善意的设计用心。

（4）计算机辅助不同变体设计。在不增加成本的情况下满足消费者的不同需要，目前计算机辅助生产设备可使不同变体设计产品达到满意的结果，制造起来也更经济。

（5）全新价值观呼唤全新概念设计。从20世纪70年代中期开始，由于对环境问题的日益关注和对个人形象的更多注重，人们的价值观不断变化。这种"新个性派"趋向同样影响到消费行为。个性突出、只满足特殊消费群体的产品设计正在主宰市场。这就需要新市场环节的产品设计。

（6）新设计应趋于合理化。通常认为，设计使产品变得更加昂贵，其实，一件好的设计不仅能提高产品使用效能和吸引力，而且能降低加工成本、节省材料，或开发标准组件系统。设计合理的要素：外观好看、组合紧凑、使用方便、成本低廉。

（7）创造性设计怎样发现新的消费群体。许多产品遭到某些消费群体的抵制，原因并非功能问题，而是因为，在他们眼中，产品不是给他们设计的。在开发一个新产品时，考虑到不同消费群体的需求是很必要的。

（8）推销员也要能够谈论好的设计。设计在销售中的作用日益显著，因为，很多产品变得越来越相像了。推销员可将产品工程师和设计师的创意传达给市场。在销售训练中，大家共同讨论如何能以最佳方式向用户解释、示范新产品。

（9）好的设计是强有力的广告形象。产品外观设计可决定消费者的购买行为。外观设计在广告宣传中应占显著地位。目前，强调设计的广告多是想区别于提供同样基本功能的同类产品。广告的宗旨是表现产品的独特、诱人和高质量。因此，产品的设计因素成为重要的推销手段。

第七章 | 设计的学科构建

　　由设计艺术学到设计学不仅是学科名称的变更,也意味着设计学更加跨学科、交叉学科的综合属性。设计学学科始终必须具备一种开放的、兼容的和不断发展变化的建构逻辑以及与之相匹配的学科体系,从而去适应整个包含了设计实践、研究、论述与教育的大学科理念。本章对于设计学科构建的论述,主要从以下几个方面出发:设计学的定义、设计学的研究对象、设计学的研究范围、设计学的课程设置、毕业设计与设计比赛、设计学的研究现状。

第一节　设计学的定义

　　设计学是融自然科学、社会科学与人文科学相关内容为一体的一门边缘学科。该学科以艺术设计的纵向历史发展和横向的理论研究为对象,针对设计发展和实践过程中产生的以及经过不断验证提炼的一些基本规律,进行总结、分析和凝练,并在此基础上提出具有前瞻性和规律性的理论指导,是对艺术设计活动的理性思考。❶

　　设计学是关于设计这一人类创造性行为的理论研究,是设计实践的知识系统,是一种理论形态。由于设计的终极目标永远是功能性与审美性,因此,设计学的研究对象便与设计的功能性与

---

❶　肖清风,黄准.设计艺术概论[M].重庆:重庆大学出版社,2007.

审美性有着不可割裂的关系。从学科规范的角度来看,一般把设计学划分为设计史、设计理论及设计批评三个分支。设计学的基本任务是探讨设计的根本问题和历史发展的规律以及进行设计的价值判断。

第二节　设计学的研究对象

艺术设计学的研究主要针对以下两个方面进行。

其一,艺术设计学是关于设计这一人类创造性行为的理论研究。由于设计的终极目标是功能性和审美性的辩证统一,因此艺术设计学的研究对象与这两方面有着不可分割的关系。

其二,设计是由多门科学结合而成的边缘学科,因此,我们可以从与艺术设计学相关联的学科关系中发现其特点。首先是自然科学,设计艺术学要对相关的数学、物理学、材料学、机械学、工程学、电子学等理论进行研究;其次是社会科学,设计艺术学要对相关的色彩学、形态构成学、心理学、美学,甚至包括哲学、社会学、文化学、民俗学、传播学、伦理学等进行研究,同时也要对相关的经济学、市场营销学、管理学、策划学进行研究。

第三节　设计学的研究范围

一、从学科规范的角度确定研究范围

鉴于设计学在西方是近些年从美术学中分离出来的独立学科,所以可依据西方对美术学的划分方法来对设计学的研究方向进行划分,即一般将设计学划分为设计史、设计理论与设计批评三个分支。设计批评与设计史、设计理论是三个既有联系又有区别的学科。它们构成了设计学的基本内容。

二、从学科建立的框架体系中确定研究范围

学科体系建立的前提,就是该学科必须具备独立的自身特质。设计作为一门独立的学科,它一方面与社会、经济、文化以及其他艺术有着密切的关联,另一方面又作为一个自我运行的系统,有着自身特殊的结构和内在机制。因此,在理论分析的形态上,遂表现出了外部和内部两种不同的特性,从而可以采用相应的原理论研究和跨学科研究两种方式。

(一)设计学原理论研究

从学理的角度看,设计已经成为与自然科学相区别的一门科学——设计科学。设计学经过多年的发展,在概念界定、基本特征、领域分类、产生和形成的目的、原则,以及具有相对独立意义的方法论和价值体系方面,具备了构筑学科概念的基本内核;同时作为实践性很强的应用型学科,在具体的设计活动中,不断构成其自身独特的实践应用理论。因此,可以从设计的基本原理和应用原理着手进行研究。

(二)设计学的跨学科研究

设计学的研究对象是一种和人类社会文化系统具有多个交集的复杂客体,必须采用多种学科、多种方法来研究它才能系统地把握设计的特征和规律。因此,设计学被认为是一门新生的、跨学科的边缘科学,这是由它的学科性质决定的。

设计学的跨学科研究主要指的就是设计学的交叉学科研究,其标志是与相邻学科相互结合、彼此渗透交叉而形成的一系列设计学分支学科的产生。它既是广义学科构架的一部分,又为人们提供了一定的科学性的学术研究方法和理论工具,需要根据对象进行不同的分析和研究。

设计学的分支学科,主要包括以下十个方面:设计哲学研究,设计形态学、符号学研究,设计方法学研究,设计策划与管理研究,设计心理学研究,设计过程与表达研究,设计经济学、价值工程学研究,设计文化学、社会学研究,设计教育学研究,设计批评学与设计史学研究。

三、设计发展规律的研究

设计理论,是对设计之理(或曰道)的思考与论述。道,既是规律又是途径,涉及本质问题,是通向形而上的思辨之途——以"道"为题,必然进入哲学的发问与解答。故"理论"一词,往往追究本质,探讨设计的发生意义以及内容与形式的审美关系,探讨设计艺术自身构成的诸种要素及组合规律:

(1)通过设计在设计史上的历史地位及其历史作用,研究设计的发生与历史的演化、风格和流派,其历史原型及模式,展现其产生与历史发展的运动过程和进步的历史形态,研究其发展的内在联系和规律。

(2)立足于工业社会和科学技术的变革,探讨设计的手段、观念、方法和风格的变化。从设计的视角,把握现代社会在经济、工艺、劳动方式以及价值观念和生活方式的变革。

(3)认识不同时期人类社会的生产力和技术条件的基本特征,研究构成设计艺术物化表现的动因,从本体意义上,以设计形态的功能分析方法去研究设计的特质和广泛意义。

四、从不同的理论层次的研究

张道一先生从理论研究的角度提出了技法性理论(如透视学、解剖学、色彩学、用器画、图案学、构成学、人机工程学等)、创作方法性理论(指由设计观念所指导的对艺术素材的综合处理)、原理性理论(在科学层次上的理性建构)三个层次。这三个层次相互区别又相互渗透,也可以确定其研究的层次范围。

第四节　设计学的课程设置

一、理论课的设置

理论课程体系主要培养学生的基本素质,为培养综合和专项职业能力奠定基础。艺术设计专业的理论课程体系应该是在符合高职高专技术应用性人才培养目标的基础上,按照社会对艺术设计人才的需求和专业特点,以理论知识"必须、适度、够用"的基本原则构建,做到以"有用"为质,"够用"为度,"会用"为目的,强调与岗位工作相结合,着眼于培养技术应用型设计人才。

二、造型基础课程的设置

设计专业的造型训练课程不同于传统的艺术造型训练。学校课程的开设顺序,是从最基本的造型表达开始的,约一年的造型基础课程,大致分为四类:素描基础,速写,色彩和构成原理。

(一)素描基础

设计素描(也称为结构素描)以比例尺度、透视规律、三维空间观念及形体的内部结构剖析等方面为重点,训练绘制设计预想图的能力,是表达设计意图的一门专业基础课,它基本上适用于一切立体设计专业(如产品设计、造型、雕塑等),画面以透视和结构剖析的准确性为主要目的。设计素描造型与色彩造型不同于传统绘画造型,再现不是它的最终目的。

(二)速写

速写是一种快速的写生方法。速写同素描一样,不但是造型艺术的基础,也是一种独立的艺术形式。设计速写造型是最快捷方便的设计表现语言,不受时间与工具的限制。

(三)色彩

色彩是设计专业开设的一门专业必修课。设计的色彩造型包含写实色彩和设计色彩,写实色彩有助于塑造自然真实的形象,而设计色彩更能适应人在不同情况下的视觉要求,提高各种活动效率,增加视觉与精神的快感。

(四)构成原理

构成原理课程可以培养学生正确的、理性的艺术思维方法,丰富学生的艺术表现手段,并通过一定数量的平面构成设计造型训练,掌握形式美的构成原则。构成造型包括平面构成、色彩构成和立体构成这"三大构成"。

三、各专业课程设置

专业设计课程包括视觉传达设计、产品设计、环境设计三大类。三大类下面还有更细的专业。专业课灵活多变,较为吸引人,是职业技术学校的重要课程,是验证理论的重要手段,是将理论转化为生产力的重要形式。由于专业课是学生通过亲自参与教学活动得到收获的,所以能否有意识地依据自己的期望主动安排自己的学习,为自己提出学习要求,对能否学好专业课产生重大影响。

四、自然与社会学科课程的设置

作为针对现实生活中人类需求的设计,设计师必须具备社会知识、人文思想,掌握针对问题的求解方式方法等,总之,需要有丰富文化底蕴的人。相关的课程主要有:广告概论、市场营销、企划与符号学、图形语义学、字体与版式、插图设计、包装与印刷学、多媒体与广告招贴设计、视觉环境设计等。其中包括方法论的课程,需要了解其历史,现实的整体策划及进入社会的渠道与运作方式,社会相应的法律法规。还包括专业设计课程,需要了解创作原理,了解人的生理属性与社会属性知识,除了艺术与设计知识技能之外,自然与社会学科知识技能则是设计师的"另一只手"。与设计学科直接相关的自然科学就有物理学、化学、材料学、人机工程学、人类行动学、生态学、仿生学等。而设计学科中某一项设计的制作工艺,包含了大量的自然科学和技术的知识,如陶瓷科学技术史、纺织科学技术史等。还有中国科学技术史和外国科学技术史等自然科学的专著,都应该成为我们通过自然科学来了解设计的必读之物。

五、软件应用课程设置

"工欲善其事,必先利其器。"今天最强大的工具是计算机辅助设计。图形软件主要有我们所熟知的图像处理软件Photoshop,图形处理软件 FreeHand、Illustrator、CorelDRAW,辅助设计软件 AutoCAD,绘画软件 Painter,排版软件 PageMaker和 Quark,动画软件 3D Studio,文字识别软件 OCR(Optical Character Recognition)。OCR 技术是通过扫描仪把文稿作为图像输入计算机再转变为 ASCII 代码的文本文件,用这种方式可以替代繁复的文字输入工作。

计算机是工具,同时它还是在人与工具的互动中,促进人的设计的最佳伙伴。

高速发展中的计算机技术还将为设计师带来更广阔的设计技术前景。完全不会利用计算机技术进行设计的设计师,就像只会舞刀不会使枪的古代战士一样。在技术发展日新月异的今天,设计师要有不进则退的紧迫感。设计师不应满足于原始、简单的"夕阳"型材料和技术,而应尽量接触各种先进的"朝阳"型新材料和新技术,借以不断拓展设计创造的无限可能性。

第五节　毕业设计与设计比赛

一、毕业设计

(一)目的与准备

1.毕业设计的目的分析

"毕业设计"对学生而言,意味着在离开学校之前对自己的综合能力(其中包括个人兴趣)作一次较为理性与客观的判断;对养育和关注自己的父母、亲友做一次精神的回报:在踏上社会进入职业设计师生涯前第一次公开亮相,接受社会公认的价值体系的评判。

对教学系统而言,是对学生四年所学与教师四年所教及学校的管理机制的一次双向多层次的质量检验。我们的理想是在教学中,以整合知识和技能的方式,培养学生具有较高的综合素质和良好的职业态度。

学生在毕业设计(论文)中,综合地运用几年内所学的知识技能去设计、分析、解决一个具体的课题,在做毕业设计(论文)的过程中,所学知识得到梳理和运用,它既是一次展示和检阅,又是一次实践和锻炼,能够增强跨入社会去竞争、去创造的自信心。

2.毕业设计的准备

毕业设计涉及的范围比较广,但选题自由,学生可以根据自己的兴趣,结合发展方向进行选择。学生的创意能力都不错,有很多精彩的作品反映在独特的设计思维和对设计形式的探索上。毕业设计选题在满足学生综合运用所学专业理论知识的基础上,应重视基本技能的训练。

艺术类毕业设计大致分为项目设计、虚拟设计、概念设计、综合设计等;艺术设计学科、设计管理类专业本科毕业设计大致分为理论研究、策划报告或调查报告等。各专业可结合本专业的特点,在选题时有所侧重。

(二)毕业设计实践

1.草图阶段

设计草图有多种多样的表现方式,如用铅笔、钢笔、炭笔、彩铅笔、马克笔乃至水彩、水粉来作画,不论形式如何千变万化,其核心的内容还是要表现设计,表达最原创的设计意图。

2.正稿阶段

毕业设计的正稿一般是应用计算机技术完成,也有部分毕业设计采用手绘、雕塑、立体模型或多媒体等手段。

毕业设计正稿设计包括设计报告(设计文字方案)、设计图册、设计展板(文字方案与设计说明、方案草图、装饰图、作品、相关效果图)、设计模型(各种材料制作)等。

毕业设计说明书是毕业设计作品正稿的缩印本。一般要求说明书反映毕业设计的全部内容,包括目录、内容摘要(含外文)、设计说明正文,设计图纸等内容。说明书正文应包括设计的原始资料、背景资料、方案论证、设计说明、分析等。设计说明书要文字简洁、语言通顺、图片完整、论证充分、字迹书写工整清晰、书写格式符合国家有关科技文书的技术规范要求。

3.展示阶段

毕业展出的作品是艺术设计专业毕业生智慧与汗水的结晶,

几年来学习的汇报,也是一个最佳的展示窗口。

设计展的举办为毕业生搭建起了一个展示设计成果、拓展就业渠道的平台,同学们应当集中精力尽量把自己的理念与艺术完美地融合在一起。毕业展的目的是从多层面、多角度展现艺术学院设计专业学生的艺术成果,同时也使外界增强对设计院校的深入了解,通过开展这样的活动,让传播业界人士有机会了解他们,挖掘出潜在的能力与特质,以促进学校师生及各界人士对艺术设计的理解和认识。

4.答辩阶段

答辩就是问答式辩论的简称。学生必须在论文答辩会举行之前半个月,将经过指导老师审定并签署过意见的毕业论文一式三份连同提纲、草稿等交给答辩委员会,答辩委员会的主答辩老师在仔细研读毕业论文的基础上,拟出要提问的问题,然后举行答辩会。

二、设计比赛

(一)设计赛前准备

1.识别真伪优劣、选择合适项目

目前除官方报刊等新闻媒体发布比赛信息外,还有通过社团、企业、院校及网络等途径发布比赛信息,其中难免也有骗取设计师创意的项目。不管从何渠道获取的信息,一定要冷静分析,依靠可靠渠道获取正确的信息。

2.认真阅读比赛征集通知

一般来说,正规的设计比赛,都有详细的征集要览,对主办的目的、应征对象的应征资格、应征方法、设计的奖项、评审过程、评

审标准、应征手续、评审费用、颁奖日期、主办单位、办公地点、协办单位及应征专用表格,对作品图片的要求等都有详细而具体的说明材料。对应征要求必须逐条仔细阅读,否则会劳而无功。

3.贵在创造、毁于抄袭

任何设计比赛尽管千差万别,但是有一点是相同的:奖励有创造的设计,奖励优秀的设计,设计和生产优秀设计的商品。因为只有好的设计、优秀设计的商品才能推动社会的进步,才能受到广大消费者的青睐。

但是设计创意属知识产权保护的领域,所有参赛者都必须以高尚的职业道德参赛,千万不要抄袭别人的作品或改头换面或将自己的作品(尤其是已获奖作品)一稿多投。设计贵在创造,毁于抄袭,因此,千万不要抱有侥幸心理、投机取巧,否则会身败名裂,一失足而成千古恨。

4.作品要精心制作符合规范

参赛者必须严格按照规定精心制作,尽管产品本身创意是核心,但好的版面设计及精致的模型会使您的设计增添光彩,提高获奖的成功率。一件好的设计创意,因版面和模型效果不佳而落选者不胜枚举。版面一定要主题突出,作品的创意、特色说明一定要简洁,最好集中于一点上,最忌泛泛而谈,心中无数,因为特点写得很多就等于没有特点,只能反映设计者心中无数。在寄送作品时还要注意包装要牢固,要防湿、防皱和防止破损,以免影响作品的效果。

5.重在参与

参加比赛既要全身心投入,又要以一颗平常心参赛。参赛重在参与和锻炼,通过参赛来检验自己的设计水平和能力,通过参赛积累实践经验,开阔眼界,广交朋友。一定要多向别人学习,从别人的作品(获奖、入选甚至落选的作品)中得到启迪、汲取营养、充实自己。

(二)设计大赛精选

国内外著名的设计大赛和情况,可见表 7-1。

表 7-1　国内外著名设计大赛和情况

比赛名称	比赛情况
亚太室内设计双年大奖赛	为亚太地区室内设计的最高奖项,每年都以一个与全球或社会或人文关注的主题为赛事活动背景,目的是让设计师能够更多地关注社会、关爱地球、关心未来 大赛在征集作品方面承继以往大赛参赛作品的多元化特点,将参赛作品划分为:商业空间、餐馆空间、酒吧空间、学院空间、酒店空间、展览空间等 10 个不同空间设计类型,同时也包含家具设计、陈设设计及设计方案的作品评选。此外,针对在校学生还专门开设了学生作品参赛项目
中国室内设计大奖赛	一直遵循着通过各种渠道,开展多种形式的学术活动,努力提高我国室内设计的整体水平的宗旨。通过举办竞赛活动不仅汇集了优秀的室内设计作品,同时也不断推出优秀的室内设计师,促进我国室内设计专业的不断发展
德国博朗设计大赛	博朗设计大赛由德国著名的电器公司博朗公司于 1968 年设立,该项赛事是德国第一项促进青年设计师事业发展的国际赛事。参赛作品既要注重概念的创新,又要注重产品的实现。参赛者可为他们的产品概念自由选择任何主题。博朗设计大赛的奖项目录并不只局限于博朗公司的产品线或者生活消费品类
美国 IDEA 设计奖	奖项设立于 1980 年,每年评选一次。它现已成为一项国际性的设计竞赛,对全世界所有学生和设计师开放。其奖项目录包括商业和工业产品类、计算机设备类、消费者产品类、设计探索类、设计策略类、环境类、数字媒体和界面类、家具类、医药与科学器材类、包装和平面类及运输工具类。IDEA 还有专门的学生设计类

比赛名称	比赛情况
IF 学生概念 设计竞赛	IF 工业论坛产品设计奖设立于 1954 年,今天已被公认为设计领域中的"金像奖",每年定期举行,由汉诺威工业设计论坛主持,从获得认证的产品中,评选出金质奖(约 25 名)、银质奖(约 50 名)
英国设计与艺术协会 产品设计创新奖	面向英国、欧洲及海外的艺术类大专院校的在读全日制和非全日制学生。该奖项的目的是寻找、培养和奖励在本科生和研究生这两个层次上具有产品设计天赋的学生。英国设计与艺术协会产品设计创新奖没有限定任何评奖标准和奖项目录,只要是来自学生的有创意的产品设计皆可参与评选
时报金犊奖	1992 年创办,是华文地区规模最大的广告创意竞赛,参赛对象为学生
靳埭强设计奖	1999 年设立,比赛由 2005 年起将参赛对象扩大至全球华人大学生,并更名为"全球华人大学生平面设计比赛"。它致力于以国际先进设计创意理念和具有原创性、本土精神的设计作品推动中国艺术设计教育的发展,致力于用高水准的参评标准启发、引导大学生的设计思维与理念
IDEA 工业 设计优秀奖	其创办目的在于鼓励商界和公众更多地认识优秀的工业设计给生活质量和经济带来的影响。IDEA 的作品不仅包括工业产品,而且还包括包装、软件、展示设计、概念设计等 9 大类、47 小类产品,评判标准主要有设计的创新性、对用户的价值、是否符合生态学原理、生产的环保性、适当的美观性和视觉上的吸引力
国际青年设计 创意英才奖(IYDEY)	墨西哥国际海报双年展,作为国际平面设计师协会认可的顶级设计赛事之一,获奖作品以其强烈的视觉效果,以图形的方式从政治、经济、文化的角度对当代社会的发展进行思考

续表

比赛名称	比赛情况
白金创意平面 设计学生作品大赛	中国美术学院主办的白金创意平面设计学生作品大赛面向全国设计院校学生。大赛旨在推动平面设计教育和设计交流，为学生的专业学习提供一个相互交流和提高的平台。白金创意大赛已成为当前国内设计教育界备受瞩目的重要专业竞赛活动
Pentawards 国际 包装设计奖	全球首个也是唯一的专注于各种包装设计的竞赛。它面向所有国家与包装创作和市场相联系的每一位人员。根据作品的创作质量，优胜者将分别获得 Pentawards 铜质、银质、金质、铂金或钻石奖
中国创新设计 红星奖	该奖项旨在围绕建设创新型国家的战略目标，通过表彰中国企业的优秀设计产品，促进设计产业发展，鼓励企业创新设计，推出品牌名品，提高市场竞争力，弘扬中华民族文化，保护自主知识产权，提升国民生活品质，推动中国设计国际化
D&AD 大奖征集	D&AD奖是授予设计者和广告策划者最具权威的奖项。该奖项由世界顶级业界人士担任评委，旨在表彰在设计、广告和创造性传媒方面最优秀的作品
SEGD 环境 图形设计奖	一个非营利性的国际教育组织，主要为在环境图形设计、建筑设计、景观设计、室内设计和工业设计等领域的设计师们提供资源

第六节　设计学的研究现状

21世纪以来，人们已经认识到设计的终极目的就是要创造合理的生活方式，体现人类生存和发展价值。同时，对建立设计学科的任务有了新的认识。设计的经济性质和意识形态性质，即设计的社会特征，使设计学研究给予其研究对象的经济特质、意识形态特质、技术特质和社会特质以应有的重视，在设计的诸多要素中，将技术因素、人文因素、美学因素以及市场等商业因素融为一体,大大拓展了设计的空间和深度。21世纪中国设计艺术的发展有三个主题:一是设计资源问题;二是设计生态问题;三是设计形态问题。设计如何进一步与新的社会问题相吻合,设计语言如何进一步更新,不能理解为简单层次上的与市场结合,更重要的是应该对未来的社会文明有战略性的思考。由此可见,除了自系统的特质外,与其他学科的横向联系和交叉,使设计学研究呈现出一个边缘学科的特质和动态开放的学科概念。当然,作为开放的知识体系,设计学理论基础尚比较薄弱,自身可借鉴的成熟理论不多。因此对设计学的研究更应以"知识整体"的观点出发,不断从整个知识系统(包括人文科学和自然科学)中吸收新思想、新理论、新方法、新形式,使设计学逐步发展成熟起来,这也是近年来设计学研究的现状。

第七节　文化创意产业与设计的学科构建

文化创意产业(Culture and Creative Industries)最早是台湾使用的概念。目前学界的文化创意产业概念是创意产业的一种区域性称谓,是创意产业的同义词。

一、文化创意产业的特点

(一)具有很强的渗透性和外溢效应

文化创意产业的核心生产要素是信息、知识,特别是文化和科技等无形资产,是具有自主知识产权的高附加值产业。一个好的创意可以产生大量的衍生产品,进而产生巨额的经济效益。一个米老鼠的卡通形象创意,便衍生出迪斯尼乐园、迪斯尼邮轮、迪斯尼专卖店、百老汇迪斯尼、迪斯尼图书、电视、T恤衫、家具、动物填充玩具等多种商品,使迪斯尼公司成为当今世界文化创意产业的巨头公司之一。

美国工业设计协会曾经做过一个调查,美国企业工业设计平均投入 1 美元,其销售收入为 2500 美元,其中全年销售额达 10 亿美元以上的大企业,工业设计每投入 1 美元,销售收入为 4000 美元。同样,英国的一项调查显示,过去 10 年里,设计驱动型企业的增长率超出了英国证券市场整体表现的 200%。日本日立公司提供的统计材料也许最具说服力,该公司增加的每 1000 日元销售额中,设计工作所发挥的作用约占 51%,技术与设备改造的作用占 12%。由此可见,创意具有极大的外溢效应,一个良好的创意,可以延伸至多种产品乃至行业门类,形成以创意为核心的相关产业链乃至产业群。

(二)高附加值、高风险

文化创意产业的优势在于其高附加值,这种高附加值带给文化创意产业强劲的经济势能。我们可以将文化创意产业的内部组织划分为核心和附加两个部分,核心部分即独特的文化创意的产生,附加部分是将创意产品化的过程——即以某种载体的形式将无形创意有形化、实体化,使之成为可供消费的产品,从而实现其产业价值。文化创意产业与资本密集型或劳动密集型的传统产业具有明显区别。对于文化创意产业来说,其核心部分高度依赖知识、创新等人类智慧的运用,其附加部分则可通过资本、劳动力等传统资源加以解决,并且,其附加部分以核心部分的发展为前提。换言之,没有知识密集型的核心创意,附加部分的资本、劳动力等难以实现其高附加值。比如,一个好的内容创意既可以拍成电影,也可以作为小说进行出版,无论以何种载体方式走向市场,其高附加值主要来自于核心的内容创意,而非拍摄、印刷等外围部分。

(三)新型资源产业

在传统产业的发展过程中,自然资源、物质资源和一般人力资源等为要素的传统资源起着至关重要的影响作用。而在文化创意产业中,文化、信息和教育等新型资源成为主导。换言之,文化创意产业是一种新型资源产业。

由文化创意产业这一词语本身,便可直观地看出:"文化"与"创意"是文化创意产业发展最为重要的资源。文化,是历史的沉淀,而创意则是当代智力资源的使用与开发,两者结合,形成一种全新的资源要素。这种资源不像石油、天然气等自然资源那样只能一次性开发利用,它是一种取之不尽、用之不竭的资源类型,随着教育、社会文化的发展而不断发展。在今天这样一个能源稀缺的时代,文化创意这种经济发展的资源和动力显得更为重要和宝贵。

(四)创新性

文化创意产业以文化内容为核心价值,以创意为激活要素。面对同样的文化内容,创意的独特性、原创性越强,产品的市场影响力也就越高。如果没有新颖创意的激活,即使拥有再丰富的文化内容,也很难将其转化为具有市场竞争力的产品。包括中国在内的几个世界文明古国,其文化资源的丰富性无疑位居世界前列,但反观当今世界文化市场,不难发现,她们在世界文化市场上所占的份额却非常之低。由此可见,创意或者说创新性对于文化创意产业的发展起着至关重要的决定作用。对创新性的过度依赖,是文化创意产业的重要特征,加强创新能力,也是提高文化创意产业竞争力的关键一环。

二、文化创意产业研究的框架

文化创意产业是一种新兴的产业形态,对于它的研究目前尚处于概念的宣传和资料的汇集阶段,深入系统的研究非常缺乏。对于文化创意产业的研究首先必须认识到这一产业的特殊性,它有别于任何传统的经济形态,甚至有别于代表新经济的知识经济。

　　台湾《文化创意产业推动绩效指标研究计划期末报告》的研究指出：“社会学者斯科特·拉什（Scott Lash）与约翰·乌瑞（John Urry）的研究厘清了文化创意产业的时代意义：当代资本主义发生本质的变化，文化经济成为主要的发展模式，此一模式带动文化创意产业的兴盛……自20世纪60年代起西方国家如美国、英国、法国、德国、瑞士等陆续面临资本主义发展的危机（获利率的下降），因而出现再结构的过程。在此过程中，逐渐形成以文化为核心的经济发展模式。”“资本主义的这种再结构发展往往被解释为知识经济的诞生。比如丹尼尔·贝尔（Daniel Bell）或是曼努埃尔·卡斯特利斯（Manuel Castells）等知名学者所论证的，知识与信息已经取代机械成为现今社会生产力的动力来源。然而，依拉什与乌瑞的观点来看，知识经济论点仅掌握当代资本主义发展模式的部分特色，因为当代资本主义在积极开发知识与信息（如基因）的同时，也在产品的生产与消费过程中运用了大量的符号与象征元素（如品牌意象），让产品成为文化意义的承载者。文化经济认为：挑动现代人消费欲望的，往往不是产品的功用好坏（使用价值），而是文化意义（符号价值）。”❶

　　文化创意产业是文化与经济交融的新产业形态，因此对于这一产业的研究，首先还是要立足“产业”的研究思路，依托一般产业经济学的思路和理论框架，同时要注意分析和研究这一产业文化和创意的特殊性，将其融入产业性的研究思路中，将一般性与特殊性打通。文化创意产业的研究框架大致可分为三个部分，即基础性研究、产业性研究和特殊性研究，具体描述如下。

（一）基础性研究部分

1.概念特征

　　文化创意产业与其他产业的一个很大的不同点在于这是一

　　❶　刘维公：《文化创意产业推动绩效指标研究计划期末报告》，见文化创意产业专属网站（http://wⅥrw.cci.org.tw）。

个众说纷纭的产业类型,不同国家地区,不同的研究者,对于这一产业的概念性描述都不尽相同,诸如文化产业、创意产业、内容产业、版权产业等不一而足。即使是在同一个国家,比如中国,我们的说法也很不统一,所使用的概念也有差异。

要对这样一个实践先行、众说纷纭的产业进行系统的研究,首先需要对有关这一产业的各种概念定义进行梳理和分析,依据不同定义的所指,统一到一个最有利于研究的概念上来。

研究一个对象,必须弄清这个对象的基本特征,这是研究的基本需要。文化创意产业的特征有不同层面的分析和表述,本书的研究视角是"产业"视角,从经济学的中观层面对文化创意产业的特征进行分析和说明。

2.发展状况

这是从已然的事实层面对文化创意产业进行一个总体上的了解和把握。从全球范围来看,文化创意产业是在后工业化的经济转型过程中逐渐发展壮大起来的,然后引起各国政府、各种组织以及研究者的关注。因此,了解国际和国内文化创意产业的发展实践、发展历程、发展成果和发展经验,是对文化创意产业进行学习研究的基础。

(二)产业性研究部分

1.文化创意产业的产业组织问题研究

产业组织理论的研究对象是产业组织及其关系。产业组织理论主要是为了解决所谓的"马歇尔冲突"的难题,即产业内企业的规模经济效应与企业之间竞争活力的冲突。与传统产业相比,文化创意产业中规模经济和竞争活力之间的冲突呈现出一些新的特征。文化创意产业总体上是以中小企业为主,随着产业化程度的提高,产业的集中度也会越来越强。文化创意产品具有非常显著的经济外部性和文化创意价值外部性特征,文化创意产品还具有共同消费品的特征,通过共享可以获得更大的价值,即越多的人使用某种产品,它的价值就会越大。比如,一部电视剧或电脑游戏,越是流行就越受欢迎,其市场份额就会越大,从而对其他类似的产品形成强有力的排斥,这就容易造成不同程度的市场垄断。但是由于文化创意产品高投入与高风险的特征,需要产业的规模效应和较高的集中度支持。如何平衡这种产业性的矛盾是文化创意产业健康有序发展的一个基本问题。

对文化创意产业中产业组织问题的研究是探讨文化创意产业布局以及产业结构等问题的一种基础性研究。

2.文化创意产业的产业关联问题研究

产业关联是在一个产业体系的大框架下,各产业部门之间投入产出关系的集合,侧重于产业之间的中间投人与中间产出关系的研究。长期以来,传统产业间投入产出链(即价值链)是通过以中间产品的物质流为主导,信息流予以支持的方式建构的,是一种以物质流为基础的、具有相对固定的"上游—中游—下游"产业链的产业关联方式。文化创意产业的产业关联则是以信息流为主导,具有广泛的渗透性和强大的辐射性,文化创意产品的投入产出关系呈多向循环的联结方式,提供全方位延伸(向供应商、销售商、客户、合作单位以及竞争对手的延伸)的"价值网"。

对文化创意产业中产业关联问题的研究对于深入分析和探究文化创意产业自身的"价值链"以及对于融合和提升传统二、三产业的产业链问题具有重要的价值。

3.文化创意产业的产业结构理论研究

产业结构理论主要研究产业结构的演变及其对于经济发展的影响。它主要从探讨"文化创意产业的布局与规划"和"文化创意产业集聚"两个问题。

(三)特殊性研究部分

1.文化创意产业的投融资

文化创意产业投融资是一种"产业"层面的投资与融资活动,这是认识和研究文化创意产业资本运营的一个基点。文化创意产业投融资是与文化创意产业相关的政府、企业、其他社会组织以及个人进行的各类投融资经济活动的总和。它与一般意义上的主要研究以企业为主体的投融资或以资本市场为对象的投融资有密切的关系,但显然有其独特性。这种特殊性主要表现为它探讨的是一种"产业"的投融资问题,而且这一"产业"本身就是一个特别的领域即"文化创意产业","文化"本身的价值具有典型的实体和精神双重属性。

2.文化创意产业的竞争力与国际贸易问题

提升文化创意产业的竞争力是发展文化创意产业的重要目标和任务,竞争力的直接表现就是文化创意产业的国际贸易状况。文化创意产业的竞争力涉及两个层面的问题:产业竞争力和文化竞争力。文化创意产业这两个层面的竞争力问题,不是彼此独立的,而是相互密切关联的,经济与文化的这种联系也决定了文化创意产业的特性,这是认识和探究文化创意产业国际贸易与竞争特征、趋势的基础。

第八节　创意人才的培养

一、创意人才解析

(一)创意人才的重要性

创意人才是指以自主知识产权为核心的,以"头脑"服务为特征的、以专业或特殊技能为手段的精英人才,他们对产业有通透的了解,能够结合中国实际,并不断创新。他们不仅拥有对专业的掌握能力,而且对社会文化有较深的理解。

英国《经济学家》杂志曾经做过一篇关于"脑力战争"的特别报道,认为在市场化、全球化、信息化的文化经济时代,人才是最受欢迎、最为短缺的资源。当今时代,一个产业群或经济体,能否创造竞争优势,关键在于能否吸引人力资本或人才。

1.是推动创意产业发展的根本动力

创意产业的高速发展依靠创意人力资本的投入产出和创意阶层的崛起。今天的创意产业越来越多地被用来表述国民经济中利用人们的"智力资本"进行文化服务和文化产品生产与流通的新兴产业。事实上,几乎所有保持了长久生命力的世界著名企业都是创意高度发达的企业,而多数世界著名企业家都是富有创意、推崇创意的企业家。研究表明,从事诸如广告、建筑、交互休闲软件、音乐、电视和电影等创造性产业职位的人们,大多是至少受过三级教育的复合型高级人才。可见,智力资本、创新和新的信息技术之间已经建立起复杂的深刻的联系。创意人才是推动创意产业发展的根本动力。

2.是创意生产力的基本要素

创意产业的生产过程,是围绕着产业链的每个环节而进行的,是创意产品的形态、创意产品的创造者和消费者,与一般意义上的产品、劳动和消费都有着巨大的不同。

从创意产品的形态来讲,更多地表现出了精神文化的产品形态。比如,风靡全球的书籍《哈利·波特》、韩国电视剧《太阳的后裔》(见图 7-1)、《大长今》等。从产品的创造者来讲,投入更多的是智力而非体力,在创意产品的创造中,创意人才的主观能动性几乎贯穿始终。从消费层面来讲,消费者通过消费,使其精神得到愉悦,满足了消费者高层次的精神需求。这些变化,旨因创意人才的智力劳动。所以,创意人才是创意生产中的最基本的要素。

图 7-1　《太阳的后裔》

3.决定高端产业集群的分布

理查德·弗罗里达认为,在文化经济时代,对于高端产业和高端产业集群的发展来说,第一位是人才。人才的区位选择、地点选择,人才的地理分布、区域分布,决定产业发展的形势,即决定产业的区位选择、空间分布。

劳动力市场有高低端之分。创意产业的人力资源绝大多数属于高端人才。在市场化、全球化、信息化时代,人才的充分流动性,越来越得到满足。低端人力资源是在市场中寻找岗位,而创意人才却能创造岗位,并且能够决定产业集群的分布,当然,这种决定与人才的区位选择相结合。可以说,人才的区位选择决定了高端产业及其产业集群的区位和发展。例如,美国硅谷、我国的中关村,之所以会出现在目前所在的地方,非常重要的因素就是那里紧邻大学,人才充裕。因此,人才在高端产业集群发展中的地位,不仅仅体现为应变量的支撑作用,更体现为自变量的引领作用。所以,要促进高端产业集群的发展,就要发挥人才的支撑和引领作用。

4.是创意产业核心竞争力的载体

创意人才依照产业链的不同环节有创意战略人才、创意策划人才、设计制作人才、营销专业人才、投融资人才、知识产权人才等。这些在产业链各环节上的专业人才,是创意产业核心竞争力所不能缺少的重要载体。

创意产业是一个由创意主导的智力产业,在这个领域中,竞争的关键是人才。这些人才在产业链各环节中发挥着各自的才能,为创意产业的发展提供了动力。创意人才不仅是指某个环节上的人才,而是创意产业链上的每个环节构成的人才集群。

(二)创意人才的特点

1.年轻化

相比传统产业,创意产业人才队伍有年轻化特点。由于创意产业涉及的行业多,并与先进的网络科技相关联,而处于网络经济时代的青年,似乎"天生"就与网络经济有缘,这便是创意产业发展最为广泛的人才基础。根据多项调查显示,目前创意产业从业者年龄段多为 20～30 岁。

2.富有想象

创意人才实际上是一群富有想象的人。创意人才最突出和显著的特点就是头脑灵活、异想天开。创意产业经济活动离不开想象,想象思维是大脑对记忆中的符号进行系列加工而创造新事物的创意思维。想象力是思维和创造力的基础,是产生爆发式飞跃的内在动力。爱因斯坦曾经说过,想象力比知识更重要,因为知识是有限的,而想象力是无限的,并引领着世界上的一切,推动着进步,是知识进化的源泉。

3.勇于创新

创意产生于对旧模式的抛弃,对常规的突破,勇于创新便是创意人才的又一个特点。他们不循规蹈矩,他们对周围环境充满着好奇和想象,在现有知识的基础上,通过创新思维,生产出高附加值的创意产品,推动创意产业的发展。

（三）创意人才的类别划分

创意人才大致可以分为原创类人才、制作类人才和经营管理类人才三大类。

1.原创类人才

原创类创意人才包含内容原创人才、设计策划原创人才。

（1）内容原创人才

内容原创类创意人才指的是处在创意产业链的前端,运用其智慧创意出创意产业的源泉——内容。这些人才往往处在原创类企业中,如媒体企业、出版企业、动漫企业、文艺演出企业。这些企业有一个共同特征,即追求内容创意的"新"与"奇",对创意频率和创意含量要求比较高。这类企业中的创意人才,往往是以群体出现的,由他们组成了企业的创意团队,不断创意出新颖的内容和奇特的构想,为创意产业源源不断地提供思维原料。

（2）设计策划原创人才

设计策划类原创人才,可以说是创意的体现和包装人才。他们是致力于将创意以最完美和最恰当的形式展示出来的人。设计策划人才包括各类设计师、策划人、策展人、编辑等,设计策划人不仅要具备创意灵感,还要思路清晰,并具有独立分析和制定策略的能力、市场研究能力、项目定位能力等。

在内容原创和设计策划两类原创人才中,出类拔萃的人才可以被称为创意产业的领军人物。这些领军人物,往往处在创意经济的前沿和风口浪尖,在一个区域乃至一个国家,引领着时代的发展。

2.制作类人才

制作类人才是指通过一定的高科技手段,完成创意或为最终的创意产品服务的人。制作类人才是原创内容得以与消费者见面的重要环节。与原创类人才相比,制作类人才的制作技术要求非常高。如动画制作人员就属于制作类人才的一种。

近年来,大家熟知的《中华英雄》《少林足球》《功夫》(见图7-2)《无极》《宝葫芦的秘密》等都运用了大量三维动画以及影视特效,这些手段极大提升了作品的可看性和冲击力,制作类人才在其中功不可没。

图7-2 电影《功夫》特效

3.经营管理类人才

创意一旦与产业融合,便与经济因素和市场因素发生关联,进而产生了经济行为和市场行为。首先,在经济社会中,人们的需求随着社会的发展而不断升级提高,又不断地促进了产业的升级换代。创意产业是产业升级换代的产物,是符合现代经济社会中人们需求的高级形态,反映了精神需求比例的增加;其次,创意产业所产生的创意产品,是为了满足消费者的消费而被生产出来的,创意产品要流通到消费的终端市场,才能获得价值的体现。鉴于创意产业的经济行为和市场行为的性质,创意产业经营管理人才便应运而生。

创意产业经营管理人才的作用体现在以下几个方面：

（1）规划产业。区域的产业布局以及产业结构的搭建，一方面依靠市场规律，另一方面则需要依靠相关部门和人员的科学规划。这样，区域经济或产业结构才能趋于合理。在此，创意产业经营管理人才的作用举足轻重。

（2）产业集聚。随着创意经济波及全世界，产业集聚速度非常之快。强有力的推手当然是那些有远见、有管理才能的创意产业经营人才，他们在某一区域集聚相关企业，以此打造创意产业链，为这一区域的经济发展作出贡献。

（3）开辟市场。创意产品虽然有新颖、附加值高、符合现代消费者需求的特点，但是，由于竞争者众多，创意产品的设计和制作是否符合消费者真正的需求，创意产品的市场定位和细分通过何种渠道能最快地到达消费者终端，这些问题都具有很强的挑战性。如果缺乏专门的经营管理人才，创意产业发展便会受到极大的制约。

二、创意人才培育的国际视野

（一）英国创意人才培育

英国是世界创意经济的发源地，目前也是创意经济最大的受惠国。但英国对创意人才的培养并不强调速成，认为必须有高度发展的教育基础，才能有创意经济的健康运行，因为创意经济的发展必须依托于国民素质的整体提升和群体创造力的激励发扬。为此，1988 年英国国会的一个报告中指出："人民的想象力是国家的最大资源。想象力孕育着发明、经济效益、科学发现、科技改良、优越的管理、就业机会、社群与更安稳的社会。想象力主要源于文学熏陶。文艺可以使数学、科学与技术更加多彩，而不会取代它。整个社会的兴旺繁荣也因此应运而生。"创造性的教育与开发，被看作是创意产业可持续发展的深厚基础。这也是英国大学的创意人才培养体系非常完备的原因所在。

(二)美国创意人才培育

从发展的规模来看,美国一直是世界创意经济的龙头,其在人才聚集上的天然优势吸引了众多世界各地的创意人才。在人才的培养机制方面,美国更注重以创意产品、产业为导向的创意经济人才链的构建,重点培养"创意核心群",同时聚集"创意专业群"。前者的工作完全与创意融为一体,如电脑软件设计、图书出版、媒介经营、娱乐产品等。后者的工作则需创意的支持支撑,如技术管理、金融操作、法律服务等。著名创意经济学家理查德·弗罗里达测算,现今美国的创意阶层的总数占到全美劳动力的30%以上。

(三)澳大利亚创意人才培育

澳大利亚政府自从1994年发布第一个国家文化发展战略以来,就将创意产业发展作为一项国家战略加以实施,并且成立了布里斯班大学创意产业研究中心,作为澳大利亚联邦政府直接支持的国家级创意产业振兴机构。新加坡在1998年将创意产业定为21世纪的战略产业,出台了"创意新加坡"计划,又于2002年9月全面规划了创意产业发展战略和人才战略。2000—2005年,韩国投入大量资金,培养创意产业复合型人才,重点抓住电影、卡通、游戏、广播、影像等产业高级人才的培养。韩国还建立了文化产业专门人才库和"文化创意产业人才培养委员会",负责创意产业人才培养计划的制订协调,设立"教育机构认证委员会",对创意产业教育机构实行认证制,对优秀者给予奖励和提供资金支持。这些国家的全民创意教育和对应的人才战略,均通过政府的措施来落实,因此效果也比较明显。

三、创意人才培育模式分析

创意人才的培养有多种模式,归纳起来,主要有高校模式、社会模式和政府模式三种。

(一)高校模式分析

通过高等院校来培养创意人才,是发展创意产业、解决创意人才匮乏的重要战略。创意产业是新兴产业,对其从业人员的要求很高,因此培养创意人才也需要有新的理念和方法。大学应该承担起培养原创人才、制作人才、经营管理人才的重任,并应该注重学科的应用性、学生的综合素质和人文精神、建立产学研结合的平台、注重创新精神培养。在高校,建立学生创意创业的孵化基地,培养学生创新能力和社会适应能力。此外,高校在培养创意人才的过程中,还应加强与企业的联系,为学生提供更多的实践机会。在创意企业里,设立大学生实习基地,就是培养学生实践能力的一条重要途径。

(二)社会模式分析

社会模式主要以培训为主。创意产业的发展需要大量的创意人才和后备力量。潜在的创意人才和创意事业爱好者将是未来为创意产业贡献力量的主体。对已经有一定专业知识和专业技能的创意产业从业人员进行培训,是培养合格的创意人才的一条捷径。特别是对于那些高端的经营管理人才来说,学校的教育远远不能满足实际工作的需要,因此需要通过系统性、实战性的培训计划培养创意产业的合格人才,以契合产业的需求。

从事培训的主体可以是高校、政府相关部门,也可以是相关的企业。

(三)政府辅助模式分析

政府辅助模式可以是培训,但更重要的是制定各种关于人才的政策法规,创造适宜的环境和氛围。创意产业在世界各国的发展经验显示,政府在创意产业发展中的角色至关重要。

制定相关完善的政策来吸引优秀的创意人才,是政府部门为发展创意产业而普遍采取的一项有效措施。一项完善的人才政策措施,应包括培养、选拔、使用、激励和管理等方面,通过这些政策措施对创意人才进行扶持,打破不利于创意产业人才流动的机制。

　　创造适宜的环境氛围,包括提升城市形象,提高城市生活质量,营造宽松和谐的社会氛围。这些事务不是一个企业、一个集团所能为的,必须是政府担当的职责。

参考文献

[1]余强.设计学概论[M].重庆:重庆大学出版社,2013.

[2]尹定邦.设计学概论[M].长沙:湖南科学技术出版社,2009.

[3]张钰.设计概论[M].武汉:华中科技大学出版社,2013.

[4][英]巴纳德著;王升才,张爱东,卿上力译.艺术、设计与视觉文化[M].南京:江苏美术出版社,2006.

[5][英]福莱瑟,[英]班克斯著;蔡璐莎译.艺术设计实用色彩完全指南[M].上海:上海人民美术出版社,2006.

[6][美]贝蒂·艾德华著;张索娃译.像艺术家一样思考[M].哈尔滨:北方文艺出版社,2006.

[7]徐晓庚.设计艺术概论[M].北京:首都经济贸易大学出版社,2010.

[8]李江.设计概论[M].北京:中国轻工业出版社,2015.

[9]曹田泉.艺术设计概论[M].上海:上海人民美术出版社,2005.

[10]赵平勇.设计概论[M].北京:高等教育出版社,2012.

[11][美]鲁道夫·阿恩海姆著;腾守尧译.视觉思维[M].北京:光明日报出版社,1987.

[12]宋奕勤.艺术设计概论[M].北京:清华大学出版社,2011.

[13]席跃良.艺术设计概论[M].北京:清华大学出版社,2010.

[14]夏燕靖.艺术设计原理[M].上海:上海文化出版

社,2010.

[15]李龙生.艺术设计概论[M].合肥:安徽美术出版社,2005.

[16]伍斌.设计思维与创意[M].北京:北京大学出版社,2007.

[17]陆小彪,钱安明.设计思维.设计思维[M].合肥:合肥工业大学出版社,2006.

[18][日]大智浩·佐口七朗著;张福昌译.设计概论[M].杭州:浙江人民美术出版社,1991.

[19]凌继尧.艺术设计概论[M].北京:北京大学出版社,2012.

[20]胡光华.中国设计史[M].北京:中国建筑工业出版社,2007.

[21]高丰.中国设计史[M].北京:中国美术学院出版社,2008.

[22]艾红华.西方设计史[M].北京:中国建筑工业出版社,2007.

[23]顾建华.艺术设计审美基础[M].北京:高等教育出版社,2004.

[24]杨明刚.现代设计美学[M].上海:华东理工大学出版社,2011.

[25]傅克辉.中国设计艺术史[M].重庆:重庆大学出版社,2008.

[26][美]贝弗利著;孙里宁译.艺术设计概论[M].上海:上海人民美术出版社,2006.

[27]郑曙旸.环境艺术设计[M].北京:中国建筑工业出版社,2007.

[28]李砚祖.艺术设计概论[M].武汉:湖北美术出版社,2009.

[29]高丰.新设计概论[M].南宁:广西美术出版社,2007.

[30]陈望衡.艺术设计美学[M].武汉:武汉大学出版社,2000.

[31]祁嘉华.设计美学[M].武汉:华中科技大学出版社,2009.

[32]郭振山.视觉传达设计原理[M].北京:机械工业出版社,2011.

[33]李晓莹,张艳霞.艺术设计概论[M].北京:北京理工大学出版社,2009.

[34]彭泽立.设计概论[M].长沙:中南大学出版社,2004.

[35]杨先艺.设计概论[M].北京:清华大学出版社;北京交通大学出版社,2010.

[36]齐皓,张俏梅,余勇.设计心理学[M].武汉:湖北美术出版社,2008.

[37]许劭艺.设计艺术心理学[M].长沙:中南大学出版社,2008.

[38]郑建启,胡飞.艺术设计方法学[M].北京:清华大学出版社,2009.

[39]朱和平.设计艺术概论[M].长沙:湖南大学出版社,2006.

[40]支林.设计概论[M].上海:上海人民美术出版社,2007.

[41]方四文.艺术设计概论[M].长沙:湖南大学出版社,2004.

[42]周源.关于设计学学科构建的探讨[J].大众文艺,2014,(7).